"十四五"普通高等教育本科部委级规划教材

HUASI YU SHOUSHI SHEJI

花丝与首饰设计

李 桑 著

中国纺织出版社有限公司

内 容 提 要

本书为"十四五"普通高等教育本科部委级规划教材。花丝是以金、银等细丝为主要材料，通过制丝、搓丝、掐丝、平填、焊接等各种技法进行创作的作品、形态及工艺程序的综合称谓，制作的物品在视觉上呈现出"细丝"的物理特征。花丝工艺由来已久，为了保持较清晰的演化脉络，本书首先介绍了花丝的起源、历史演变和现状；然后介绍了首饰的制作方法、设计要点等；最后将所学的工艺知识与首饰设计融会贯通进行花丝首饰设计，创作出符合当下审美的作品，提升学生对花丝工艺的理解。

本书适合高等院校首饰专业师生和非遗研究人员以及广大工艺美术爱好者参考阅读。

图书在版编目（CIP）数据

花丝与首饰设计 / 李桑著 . -- 北京：中国纺织出版社有限公司，2024.12. --（"十四五"普通高等教育本科部委级规划教材）. -- ISBN 978-7-5229-2108-2

Ⅰ.TS934.3

中国国家版本馆 CIP 数据核字第 202441HD65 号

责任编辑：施 琦 亢莹莹 责任校对：高 涵
责任印制：王艳丽

中国纺织出版社有限公司出版发行
地址：北京市朝阳区百子湾东里 A407 号楼 邮政编码：100124
销售电话：010—67004422 传真：010—87155801
http://www.c-textilep.com
中国纺织出版社天猫旗舰店
官方微博 http://weibo.com/2119887771
北京通天印刷有限公司印刷 各地新华书店经销
2024 年 12 月第 1 版第 1 次印刷
开本：787×1092 1/16 印张：9
字数：150 千字 定价：69.80 元

前言

　　2011年与花丝相遇，到现在已有十几年的时间，从最开始的设计到艺术创作，再到开启课程，花丝注入了我的生活、工作、成为生命中的一部分。

　　与其结缘，是个人的经历及爱好导致的必然，多年相随则是源于一种使命感的驱动。因为曾几何时，花丝镶嵌的承继一度出现窘境，作为其重要部分，花丝工艺也处于困难的状态。在个人看来，只有增强设计的当代感，才能与当下的服装更好地搭配，也才能吸引更多的人加入这个行业，在产业链中形成良性循环，促进它的传承。这些年来，应着国家对非物质文化遗产的重视，越来越多院校、企业、工作室的投入和关注，让这项工艺慢慢进入了大众的视野。然而花丝自唐代开始，宋、元、明清被贴上"宫廷技艺"的标签，为皇家和王公贵族垄断，即使民间偶有出现，也是少数富贵人家的专属。从清末开始，花丝转向民间，受众从上层阶级转到普罗大众，搭配的服饰从汉服、唐装转换成了T恤和牛仔裤，经历了巨变。经过千年的沉淀从传统到为当代人接受，并满足多元化的需求，从不惜代价耗时耗工到需要计算成本，并与时代科技接轨，花丝设计的转变与发展是一条不容易的路，需要一代代人接力。

　　自2017年开始，在龚世俊老师的鼓励下开始上花丝工艺课，到现在已有好几年的时间。于有限的课时安排里，探索如何帮助同学们了解、理解花丝，掌握工艺流程，进行设计初探。在此过程中，也萌生了些疑问，比如：让我们引以为豪的传统工艺，在世界的范围内曾经留下过印迹吗？世界上还有哪些国家有过此项工艺？在大范围里，是怎么发展起来的？随着个人对花丝工艺认识的不断加深，至此集结成一本书。用四个章节，分别是花丝工艺概述、花丝基础工艺实训、花丝与首饰设计概述、花丝首饰的综合创作来呈现对此项工艺的认识。内容包括中外花丝工艺的起源与历史演变，花丝工艺与首饰设计之间的联结，并在书中展示部分课程成果。希望能给予首饰专业学生或花丝设计制作的初学者、爱好者一些启发和帮助，加深对此项优秀民族传统手工艺的认识，增强民族自信心。

　　这本书的撰写，得到了很多人的帮助。在这里要感谢上海视觉艺术学院时尚设计学院吴俊院长和刘侃院长的推动，感谢郭新、纪海燕、朱莹雯、何彦欣等老师、史永先生、贺贝女士、张鹤女士、徐冰蕾女士的支持！感谢高睿、顾唐子晗等珠宝专业学生的参与。由于个人的学识和见解存在局限，书中若有疏漏或不足之处还请同道们指正，也希望各位读者能提出宝贵建议。

2024年8月

教学内容及课时安排

章（课时）	课程性质（课时）	节	课程内容
第一章 （3课时）	理论 （3课时）	•	花丝工艺概述
		一	花丝工艺相关概念
		二	花丝工艺的起源与历史演变
第二章 （37课时）	理论与实践 （3课时｜34课时）	•	花丝基础工艺实训
		一	花丝工艺的基础
		二	平面首饰的制作
		三	立体首饰的制作
		四	花丝纹样的练习
第三章 （3课时）	理论与赏析 （2课时｜1课时）	•	花丝与首饰设计概述
		一	首饰设计
		二	当代首饰设计
		三	当代花丝首饰设计分类
第四章 （37课时）	理论、实践与赏析 （1课时｜35课时｜ 1课时）	•	花丝首饰的综合创作
		一	花丝首饰综合创作的要求与意义
		二	花丝首饰创作案例（一）
		三	花丝首饰创作案例（二）
		四	作品赏析

注　各院校可根据自身的教学特点和教学计划对课程时数进行调整。

目录

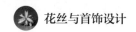

第一章　花丝工艺概述

课程内容：花丝工艺相关概念
　　　　　　花丝工艺的起源与历史演变
课程性质：理论
课时安排：3课时
本章重点：花丝工艺及相关概念
学习目的：对花丝工艺及相关概念产生清晰的认识，对此工艺
　　　　　　的发展有宏观的了解，对花丝工艺曾经的广泛存在
　　　　　　性有所认知，提升对此项优秀民族传统手工艺的
　　　　　　了解。
教学方法：讲授法

第一节 花丝工艺相关概念

花丝工艺，英文为Filigree，源自拉丁语filigrana。花丝为花丝工艺的缩写。同时也指以金、银等金属细丝为主要材料，通过搓、压、绕等各种技法制成的各种带花纹的丝（花样丝和纹样），其中两根或多根素丝经过搓制而成，视觉上呈均衡、点阵效果的丝为基础花丝型。用花样丝和纹样经过不同的工序制作物品的过程称为花丝工艺，工序主要包括堆、垒、编、织、掐、填、攒、焊等。用机械手法或现代科技生产的，具有花丝视觉体征的可以称之为机器工业花丝。

花丝工艺在我国不同历史时期工艺及其产品的称谓不同，唐代"金筐宝钿"中的"金筐"指的是用金丝制成的边框，往往是各种金花丝，样式有素丝、正反花丝、麻花丝、拱丝、螺丝、祥丝等。花丝在明清曾被称为累丝，《清宫内务府造办处档案总汇》中记载："金累系（丝）镶桦皮翟鸟一支（随嵌碲子一块、米珠十六颗）、金累系（丝）镶青金桃花垂挂一件。"❶ 而花丝工艺一词出现于1948年出版的《北平市手工艺生产合作运动》，书中提到过："北平市手工业的种类很多，有玉器、地毯、珐琅、雕漆、刺绣、挑补花、绒绢、纸花、烧磁、铜锡器、镶嵌、牙骨、料器、铁活、宫灯、玩具等十几种……镶嵌的种类，有珐琅、烧磁、花丝、点翠、喷漆等数种。"❷ 这本书中把花丝归于镶嵌工艺类。

在我国，花丝工艺与花丝镶嵌有着极其密切的关系，后者在元代曾被称为"累丝厢嵌"，杂剧《㬫江亭》中记载："[金盏儿]俺如今正青春，笑欢欣……我半年前里倒下金子，雇人匠累丝厢嵌，何等的用心哩也……"这里说的是"金盏儿"雇请了匠人将自己的金子做成"累丝厢嵌"饰品。厢通'镶'，镶嵌。"花丝镶嵌"一名则出现于1949年中华人民共和国成立后的手工艺合作化时期，用以概括相关工艺。狭义定义包括花丝工艺与镶嵌工艺；广义是以花丝、镶嵌为主要工艺，花丝为核心，灵活集合了其他如錾刻、镀金、点翠、珐琅等制作工艺的集成传统手工技艺。

不管是花丝，还是花丝镶嵌，都属于金银细金工艺范畴。而金银细金工艺包含了花丝、珠粒、錾刻、锻造（锤揲）、实镶（镶嵌）、景泰蓝等不同内容，是以工艺精细为特色的技艺组合。含有花丝或花丝镶嵌的物件，可以称为金银细金工艺作品，但金银细金工艺制作的物件，并不一定包括花丝或花丝镶嵌，例如从事传统金银细工技艺已有200年

❶ 中国第一历史档案馆，香港中文大学文物馆.清宫内务府造办处档案总汇[M].北京：人民出版社，2005：334.
❷ 中央合作金库北平分库，国际合作贸易委员会北平分会.北平市手工艺生产合作运动[M].北京：正中书局北平印刷厂，1948.

历史的江苏省南京市宝庆银楼，工艺特色为实镶錾花。

表1-1-1为国家级非遗名录中的金银细工制作技艺及相关工艺。

表1-1-1　国家级非遗名录中的金银细工制作技艺及相关工艺 ❶

批次	年份	地区	技艺
第一批国家级非物质文化遗产名录	2006年	北京市崇文区	景泰蓝制作技艺
		贵州省雷山县 湖南省凤凰县	苗族银饰锻制技艺
第二批国家级非物质文化遗产名录	2008年	四川省成都市青羊区	成都银花丝制作技艺
		北京市通州区 河北省大厂回族自治县	花丝镶嵌制作技艺
		上海市黄浦区 江苏省南京市、扬州江都区	金银细工制作技艺
第四批国家级非物质文化遗产名录	2014年	河北省大厂回族自治县	景泰蓝制作技艺
		福建省宁德市 云南省鹤庆县	银饰锻制技艺（畲族银器锻制技艺、鹤庆银器锻制技艺）
		山西省稷山县	金银细工制作技艺

第二节　花丝工艺的起源与历史演变

一、外国花丝工艺

花丝工艺是金属加工领域中最古老和专业的装饰技术之一，属于世界性的非物质文化遗产，起源于两河流域的美索不达米亚（现伊拉克南部）。从古埃及、古希腊到伊特鲁里亚文明中都可以找到它的踪迹，后通过亚洲和欧洲之间的贸易和金银丝制品的迁移使这项技艺发展、传播到世界各个地方，并延伸到拜占庭、文艺复兴、浪漫主义、装饰艺术等时期。珍贵的花丝文物存放在世界各地，包括罗马的梵蒂冈博物馆、纽约的大都会艺术博物馆、柏林的国家博物馆，伦敦的大英博物馆和圣彼得堡的艾尔米塔什博物馆等。

（一）古文明时期的璀璨

花丝工艺很早就开始广泛传播。考古发现，早在公元前3000年，花丝在美索不达米亚已经被纳入珠宝加工工艺中。迄今为止，有史料记载的、最早使用此项工艺的珠宝来

---

❶ 崔衡．金银细工工艺文化之解读[J]．艺术科技，2019（11）：35-36.

自美索不达米亚的苏美尔，图1-2-1展现了这个区域金匠的才能。

随着黄金工艺的发展，花丝工艺进入了埃及、希腊、腓尼基❶、伊特鲁里亚（现意大利中部）等地方（图1-2-2）。公元前2000年，埃及和希腊的花丝制品就具有了较高的艺术水准，而且大部分工艺精细。在俄罗斯西南部克里米亚（Crimea）的费奥多西亚（Feodosiya）发现的金耳环，是一位希腊大师在公元前330～前300年制作的作品，现存放在俄罗斯圣彼得堡艾尔米塔什博物馆的珍藏室里。在来自腓尼基的遗址，如塞浦路斯和撒丁岛上的装饰品中，金丝图案被精细地铺设在装饰物的金质底面上，这种艺术在公元前6世纪到前3世纪的伊特鲁里亚文明（图1-2-3、图1-2-4）和希腊文明（图1-2-5、图1-2-6）中达到了顶峰，除了他们特意为墓葬制作的珠宝外，这一时期制作的其他形式的珠宝都带有一些花丝的成分。

图1-2-1 古代美索不达米亚黄金青金石项链，公元前2000～前1000年

图1-2-2 伊特鲁里亚黄金耳环，约公元前800年

图1-2-3 伊特鲁里亚盘状耳环，公元前6世纪，大英博物馆

图1-2-4 伊特鲁里亚盘状耳环，公元前550～前450年，黄金、珠粒，维多利亚与艾尔伯特博物馆

❶ 腓尼基：位于现在黎巴嫩和叙利亚沿海一带。

图1-2-5　古希腊黄金耳环，公元前300年，大都会艺术博物馆

图1-2-6　古希腊黄金首饰，公元前3~前2世纪，大英博物馆

（二）拜占庭的影响

从6世纪到12世纪，君士坦丁堡（今土耳其的伊斯坦布尔）或欧洲修道院制作的救济箱、福音书封面等都研究和模仿了拜占庭金匠的作品，出现了珠宝书衣，专指用金属、珠宝、象牙等装饰书籍封面，时常带有花丝的装饰（图1-2-7）。花丝工艺还被用于装饰十字架。拜占庭式的花丝制品偶尔也会在曲线或结点中镶嵌小宝石（图1-2-8），在大英博物馆，还可以看到来自盎格鲁·撒克逊❶墓的非常精美的花丝物品（图1-2-9），制作时间在600年左右，体现了欧洲北部的撒克逊人在早期对多种金匠工艺的精通。

图1-2-7　《哥德哈第法典》书衣，约1180年，铜面镀金、珐琅、宝石

❶ 盎格鲁·撒克逊：盎格鲁和撒克逊两个民族的合称，是古代日耳曼人的部落分支，原居在北欧日德兰半岛、丹麦诸岛和德国西北沿海一带。公元前5~前6世纪盎格鲁、撒克逊两个民族都有人群移民大不列颠岛，在此后的三四百年融合为盎格鲁·撒克逊。现在大部分的英国人是盎格鲁·撒克逊人。

图 1-2-8　宝石项链，约600年，黄金、蓝宝石、祖母绿、珍珠

图 1-2-9　盎格鲁·撒克逊金扣，约600年，珐琅、石榴石，大英博物馆

（三）欧洲南、北部的传播

直到15世纪，欧洲各地的许多中世纪珠宝作品，如圣物盒、十字架等都用花丝进行装饰。西班牙的摩尔人以高超的技艺从事花丝工艺（图1-2-10），并由他们引进，在整个伊比利亚半岛❶传播开来，于葡萄牙、马耳他、北马其顿、阿尔巴尼亚等巴利阿里群岛和地中海沿岸的国家和地区进行花丝制作。在大多数生产这种珠宝的国家和地区，人们会佩戴由金属丝和珠粒组成的银质纽扣，其他还有北欧的丹麦、挪威和瑞典。北欧制作的银质纽扣和花丝胸针这类饰品，往往会加入小链条和吊坠。德国则把银花丝纽扣发展到新娘装的装饰上（图1-2-11）。

图 1-2-10　西班牙珠链，15世纪下半叶，黄金、珐琅、珍珠，大都会艺术博物馆

图 1-2-11　德国银花丝纽扣，19世纪，柏林国家博物馆

❶ 伊比利亚半岛：又称比利牛斯半岛，是欧洲第二大半岛。

（四）全球性风格的形成

花丝工艺在欧洲大陆传播的前后，另一场变革悄然兴起，这就是全球性风格的形成。

13世纪和14世纪许多亚洲的蒙古工匠（包括银匠）迁移到新的领域工作，使花丝工艺技能和技术得到交流，这导致全球性风格萌芽的出现，在现代的叙利亚、土耳其、亚美尼亚、意大利和俄罗斯等国家和地区都能找到拥有类似风格和细节的花丝物品。当犹太人在16世纪被驱逐出西班牙，胡格诺（Huguenots）教徒在17世纪被驱逐出法国时，许多银匠离开了他们的祖国。在他们迁移去的地方，与当地的工艺师交换技术信息。致使16世纪、17世纪，花丝工艺被用于几乎所有的欧洲（图1-2-12）和亚洲（图1-2-13、图1-2-14）国家和地区。政治事件在花丝专业知识的交流、方法和风格细节的融合方面起了很大的推动作用，促进了全球性风格的演进。

图1-2-12 镶有装饰花丝的金币，16世纪，黄金，约为英国出产

图1-2-13 蒙古胸饰，13世纪中叶~14世纪，黄金、水晶，艾尔米塔什博物馆

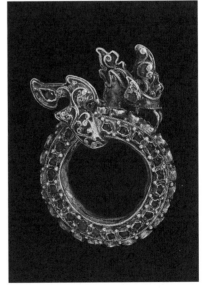

图1-2-14 泰国红宝石黄金戒指，16~17世纪

最终导致全球性风格的形成是15世纪开始，欧洲人开启了海外探险、考察，寻找新的贸易路线、财富和知识的发现之旅。17世纪初葡萄牙、西班牙、荷兰和英国等欧洲国家受势力范围扩展的影响，先后成立了各自的东印度公司，发展与印度、东南亚国家和

中国的海上贸易。17世纪末到18世纪期间，法国、普鲁士、丹麦、瑞典和美国也参与了这种贸易。俄罗斯通过陆路商队与中国进行贸易，或者通过欧洲其他国家的东印度公司拓展对华贸易。由于异国情调在巴洛克艺术和洛可可艺术中的盛行，使中国和印度的花丝制品（图1-2-15、图1-2-16）与香料、茶叶、丝绸和瓷器等一起进入了欧洲和贵族的家中。东印度公司的贸易活动使技术得以传播，沿着贸易路线，在连接城镇和殖民地的中心进行经济活动。工艺大师包括来自中国的，在这些地方聚集，例如西班牙殖民地菲律宾吕宋岛（Luzon）的华人聚集地帕罗斯（Parian），这里的中国工艺师担负着履行西班牙订单的主要责任。之后欧洲的银匠使用与亚洲银匠类似的方法，在17世纪到18世纪仿制在帕罗斯制作的花丝物品，导致两种产品在外形、装饰和功能上完全一致。

全球性风格的形成，致使我们看到的这个时期许多国家制作的花丝物件具有相似面貌（图1-2-17、图1-2-18）。

（五）科技冲击下的复兴

18世纪随着工业革命的到来，科技快速发展，人们的注意力从昂贵的手工珠宝，包括贵重和半贵重的金属和宝石，转移到大规模机械化生产的首饰上。这种珠宝首饰往往不需要熟练的金属工匠，使用贵重、非贵重材料，如铸铁、钢和其他基础金属合金进行机械化生产，使价格大幅降低。同时，由于片面地追求产量，忽略了匠师们的创造力和想象力，造成了艺术与技术的分离。而工业革命带来的另一影响是促使人们自我意识和个性解放思想增强，开始强调主观精神、歌颂大自然。在这种情况下，自然主义风格在英吉利海峡两岸生根发芽，花丝珠宝的时尚同时出现在法国和英国（图1-2-19），并且在19世纪30年代风靡，甚至怀表都装饰了花丝，如图1-2-20所示的18K黄金怀

图1-2-15 中国龙形双柄花瓶，17世纪晚期~18世纪早期，银、烧蓝、鎏金

图1-2-16 印度圣髑盒，17世纪下半叶，银，艾尔米塔什博物馆

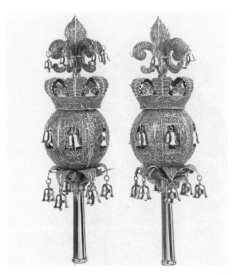

图1-2-17 德国Rimmonim，1680~1699年，银、局部镀金，维多利亚与艾尔伯特博物馆

图1-2-18 印度尼西亚银盘，1686年，银、珐琅，ALJ Antiques Ltd.艺术品公司

表，镶嵌刻面托帕石，金珠粒饰面，排列优美的小松丝。这个时期的葡萄牙、意大利（图1-2-21）、法国都有花丝产地。之后，19世纪维多利亚时期考古复兴主义风格兴起，掀起了一股热衷于古代先行者作品的风潮，黄金工艺在这个阶段得以复兴，以意大利人卡斯特拉尼（Castellani）为代表。他用了三十年的时间，研究古希腊和伊特鲁里亚人的工艺，痴迷于花丝和金珠粒，和儿子一同为后世留下了大量具有复古面貌的花丝作品（图1-2-22、图1-2-23）。

图1-2-19 蝴蝶结胸针，约1825年，黄金、绿松石、珍珠，维多利亚与艾尔伯特博物馆

图1-2-20 法国宝石镶嵌黄金怀表，1835~1840年，18K黄金、托帕石

图1-2-21 意大利十字形吊坠，1800~1867年，银，维多利亚与艾尔伯特博物馆

图1-2-22 意大利考古复兴风格"M"形圣母领报胸针，卡斯特拉尼，约1850年，黄金、红宝石、祖母绿或蓝宝石，伊特鲁里亚博物馆

图1-2-23 意大利考古复兴风格伊特鲁里亚风格手链，卡斯特拉尼，约1850年，黄金，伊特鲁里亚博物馆

（六）机械化生产的出现

1901年到1910年，英国国王爱德华七世（Edward Ⅶ）和他的王后开创了一个新的富足、奢华的时期，在珠宝中流行铂金镶嵌和花丝镶嵌。这里的花丝指的是机器工业花丝，具有传统花丝的肌理和视觉效果，但未采用手工制作。工业化的发展，促使了此时期的花丝制作方法的变革，采用了压铸机生产加工。通过两个钢块将带有设计的金属片压在一起，创造出了符合当时审美的形态。由于铂金是一种比银和黄金硬度更高的金属，更容易被机械加工成精致又华丽的花丝图案，因此大受欢迎，这股风潮也逐渐蔓延到了美国（图1-2-24）。

20世纪20年代到30年代，装饰

图1-2-24 蒂芙尼（Tiffany）条形胸针，1915年，铂金、钻石

艺术设计风格盛行，风格化的形式和几何造型设计大行其道，这个时期继续使用压铸机进行花丝首饰的生产，18K白金成为装饰艺术时期珠宝首饰的首选金属材料。生产加工方式的改变，降低了花丝首饰的制作成本，再加之装饰艺术运动的蓬勃发展，机器工业花丝首饰也蔓延到了包括捷克在内的欧洲其他国家，出现了合金、铜材料（图1-2-25、图1-2-26），成本的再次降低，导致了大量机械化生产的花丝首饰被创造出来。鸡尾酒会戒指、胸针等是当时非常流行的花丝首饰形制。

图1-2-25　捷克胸针，1920～1930年，合金镀金、绿松石　　　图1-2-26　捷克吊坠，1920～1930年，铜、紫水晶

20世纪60年代之后，由于工业化的继续发展，花丝这门重手工的工艺淡出了很多国家的视线，但也作为传统工艺引起了一些国家和人民的重视和保护。迄今为止依旧保留花丝工艺并努力发展的国家有印度、俄罗斯、意大利、葡萄牙、厄瓜多尔、智利等，中国也在为花丝工艺发展不懈地做着努力。

二、中国花丝工艺

花丝工艺在我国历史悠久，虽然在国际上报道甚少，但却掩盖不了它曾经的辉煌和在此项世界性文化遗产中所做出的贡献。不管是大都会艺术博物馆，大英博物馆，维多利亚与艾尔伯特博物馆，还是俄罗斯的艾尔米塔什博物馆，都有它的踪迹（图1-2-27～图1-2-30）。

在中国，作为金属加工工艺的花丝是随着金银器制作工艺的发展而发展的，属于传统的首饰制作工艺。由于用料昂贵，工艺繁复，历史上长期为皇家御用，在历朝历代的宫廷饰品和礼器中均有呈现，是我国传统奢侈品的加工工艺之一，也是金银加工工艺中最有技术含量的工艺之一。

图1-2-27　中国帽子装饰品，1400~1600年，黄金、半宝石，维多利亚与艾尔伯特博物馆

图1-2-28　中国蝴蝶发簪，18世纪，翡翠、珍珠、黄金，大都会艺术博物馆

图1-2-29　中国螃蟹形盒子，18世纪中叶，银、局部鎏金，艾尔米塔什博物馆

图1-2-30　中国头饰，18世纪，黄金、半宝石，大英博物馆

（一）本土的萌芽

我国最早的金属工艺品为铜器，其中青铜器的制作历史悠久，工艺精湛，曾经垄断了很长一个时期。到西周，花丝工艺中的核心材料——金丝，开始逐步脱离青铜器制作，独立出现，通过盘绕、弯转成多圈或螺旋弹簧状，如青海大通县上孙家寨M455出土的金耳环（图1-2-31）。再到了春秋战国时期，出现了将花丝与镶嵌结合的工艺作品，如图1-2-32所示张家川马家塬M16出土的金臂钏，主体为金片，通过锤鍱塑造出凸起的瓦楞形，两侧以金丝编织的麦穗纹作为装饰，这麦穗纹是迄今为止发现的最早的花样丝，显现了花丝工艺的萌芽。

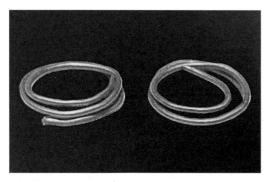

图1-2-31　西周，青海大通县上孙家寨M455出土，金丝小绕环　图1-2-32　春秋战国，张家川马家塬M16出土，金臂钏

（二）外来的影响与交融

秦朝作为高度专制的中央集权国家，据考古发掘资料表明，此时期金银器较少，出土的有1978年山东省淄博西汉齐王墓出土的秦盛水器和咸阳宫银盘。

到汉代，汉武帝时期疆土大幅度西扩，西部已达到中亚地区。汉代丝绸之路的开通，促进了中西方文化之间的交流，具有中亚细亚区域文明和民俗文化特色的金银器物及工艺不断与中原地区交互、融通，使汉代吸收了大量外来文化、外来技艺，加之内部"黄金成饮食器则益寿""金银为食器可得不死"思想观念的左右，金银产量的增加，推动了上层社会对金银器皿的追求，促进了我国金银器制作工艺的快速发展。一改汉代以前，以青铜器文化为主，金银器工艺不属于主流工艺的局面。

汉代金银器制作多用锤揲、錾刻、炸珠、花丝、镶嵌、焊接等，最突出的技艺为花丝与焊缀金珠。从出土的金银器文物看，这个时期花丝技艺已成体系。1972年陕西西安沙坡村出土的西汉时期的金灶为长方形，由灶门、膛、面、釜、烟囱组成。灶门周围装饰有以金丝和联珠组成的"S"形和弧形图案，灶台右上角有细金丝盘旋成的烟囱，灶底有"日利"篆书款。1959年湖南长沙李家老屋出土的东汉时期的金丝编项链，用极细的金丝编织而成，说明花丝的编织技艺在那个时代已经出现。新疆焉耆回族自治县博格达沁古城遗址出土的东汉金龙纹带扣（图1-2-33），采用了花丝和金珠焊缀工艺，以拱形纹装饰边缘，内部通过流畅的花丝勾勒龙身的轮廓或进行装饰，展示出该区域在那个时期花丝工艺的制作水平及灵活运用的能力。

从两汉时期的花丝技艺使用可以看出，制花丝在当时已有了很高的水准，能根据需要做成不同的丝，有断面圆形、扁条状，还有多股合成。1968年河北满城中山靖王刘胜墓出土的两汉时期的金缕玉衣，用1110克金丝将2498块玉片编缀成人形，每根金丝长4～5厘米，直径0.35～0.5毫米，包含四种形态：第一种金丝横截面近似圆形；第二种横截面呈扁条状，是由金片剪下的细条加工而成；第三种是将薄片剪成的细长条拧成金丝的形态；第四种是用多根细金丝拧成合股的金丝。

魏晋南北朝时期，虽然长期分裂割据造成战乱，但金银器的制作并没有间断，花丝技艺得以传承和发展。如1964年河北定县北魏塔基出土的金耳坠，长9.2厘米，重16.5克，在制作技艺上采用了花丝、锤揲、编织等技艺。1991年湖南安乡黄山头镇西晋刘弘墓出土的金镶绿松石螭纹带扣，主体镂雕一条扭身摆尾的龙，翻腾于云海之中，金丝与龙舌相连，制作精细，采用了花丝、金珠焊缀技艺，还有镶嵌技艺（图1-2-34）。

图1-2-33 东汉，金龙纹带扣　　　　　　　　　　图1-2-34 西晋，金镶绿松石螭纹带扣

（三）盛世的繁荣

唐代经济繁荣开放、社会富足、国泰民安，丝绸之路的通畅，使唐朝成为当时世界上最强盛的国家之一。唐朝与西方国家经济文化交流空前活跃，对外来文化、技术的兼容并包，在金银器制作技艺上显得尤为突出，吸收了粟特、波斯萨珊王朝等西亚和中亚金银器发达地区的技艺、造型和纹饰，推动了唐朝金银器制作工艺的快速发展。从出土文物可以看出当时普遍使用了钣金、浇铸、焊接、切削、抛光、铆、镀、锤揲、錾刻、镂空、制丝、掐丝、编织、焊缀、镶嵌等技艺，极为复杂精细。

等级观念使人们崇尚上层社会皇室贵族的奢华生活，为花丝工艺在唐代的大发展奠定了基石。其中最有代表性的是西安何家村窖藏出土的金梳背（图1-2-35），上面装饰了麦穗丝，主体以金丝勾勒出缠枝花叶，金珠粒聚结成果实与花，表现得极为优美。其

图1-2-35 唐代，金梳背

他还有西安扶风县法门寺地宫出土的金银丝结条笼子
（图1-2-36），玲珑剔透，反映了当时的编织技艺已经极
为完善。也说明花丝工艺在唐代已经开始走向成熟。其
中重要的工序制丝与汉代相比，有了些许变化。汉代花
丝的制作是将金银敲打成极薄的金银片，剪成细条，慢
慢地扭搓成丝，然后掐丝制成图案。唐代是将金或银锤
揲成薄片，剪成条后增加了拉丝环节，制成金丝或银丝
后，再将单股丝根据需要做成双股或多股丝，进行掐丝
或编织等工序。

图1-2-36　唐代，金银丝结条笼子

　　唐代，金银器制作从"官作"到"民作"发展和兴
盛。在唐朝中期以前，由于受金银原料贵重稀罕、制作
工艺复杂、作品享用阶层的局限性，以及开设金银手工
作坊投资大、工匠须长期培养等因素的制约，金银制作基本由官府和皇家垄断，被贴上
了"宫廷技艺"的标签。唐代后期，金银器手工制造业出现了地方政府官办和私人作坊，
从浙江绍兴、安徽宣城、广西桂林、江西南昌等地出土的金银器的铭文可以看到私人作
坊的名字。花丝也随"民作"的发展和兴盛在民间发展开来，然而由于它的原料贵重，
工艺复杂，往往成了少数富贵人家的专属，且作品多带有模仿宫廷技艺、风格和文化的
特征。

（四）少数民族风格的展现

　　宋代黄金加工技术继承了唐代的精华并有所发展，金银器多运用了立体浮雕的凸花
工艺和镂雕工艺，将器型和纹饰融为一体，中原一带罕见花丝（图1-2-37）、镶嵌、焊
缀金珠的制作技艺，多以打胎、錾刻、焊接、铆合为主。与宋同时期的另一个政权西夏，
在政府机构中专门设有"文思院"以掌管金、银、犀、玉等。1975年在内蒙古自治区出
土的西夏桃形镶宝石金冠饰（图1-2-38），中心桃形周围有多层掐制花丝，包边镶嵌了
宝石，是一件珍贵的西夏花丝饰品。同时期雄踞北方的辽王朝，创造了具有游牧民族特
色的绚丽文化，在继承唐代和五代传统细金技法的基础上不断创新，并与本民族的传统
文化融为一体，形成了具有草原特色的独特风格。2003年内蒙古自治区吐尔基山辽墓中
出土了大量金银器，其中有一对金花耳坠，制作采用了花丝、镶嵌、焊接等工艺。

　　元代在有"黄金家族"之称的蒙古族统治下，结束了从五代至南宋长达370年的多
政府局面，统一促进了元代经济、文化的发展，手工艺制造业也得到了推进，对金银的
使用更为广泛。除在南宋时期流行的手工锤揲、錾花、剔地、镂空等工艺外，花丝工艺
再一次得到提升（图1-2-39、图1-2-40）。以花丝工艺为主的饰品有内向双飞蝴蝶簪、

缠枝花耳坠、金花步摇等金饰品，它们在制作过程中几乎运用了花丝工艺中掐、攒、填、焊、堆、垒、织、编的全部工艺。

图1-2-37 宋代，莲花化生金耳环

图1-2-38 西夏，桃形镶宝石金冠饰

图1-2-39 元代，金累丝镶嵌绿松石耳环

图1-2-40 元代，金花步摇

（五）鼎盛时期的辉煌

明清两代处于中国封建社会的晚期，各种传统手工艺都走向了历史高峰，包括金银器工艺，其中花丝工艺也走向了鼎盛。

明朝建立后，宫廷专门设立了管理生产供宫廷所需的各类金银器作坊的机构，称为"银作局"，集中了全国的能工巧匠，将工匠服役制改为轮班制，实行了匠班银制。《大明会典》记载："银作局二百七十四名：银花匠五十名、大器匠四十二名、厢嵌匠一十一名、抹金匠七名、金箔匠一十四名、磨光匠一十五名、镀金匠三十五名、银匠八十三名、拔丝匠二名、累丝匠五名、钉带匠五名、画匠一名、表背匠四名。❶"可以看出当时的细金制作业分工明确，花丝、錾刻、锤揲、鎏金等种类齐全。

❶《续修四库全书》编委会.续修四库全书［M］.上海：上海古籍出版社.1995：287.

　　明代出土的金银器主要分布在江苏、安徽、云南、北京等地。1957年北京明定陵出土的明神宗"万历金翼善冠"（图1-2-41）和江西南城明益庄王朱厚烨墓出土的明代累丝嵌宝石金冠（图1-2-42）的制作技法达到了炉火纯青的地步，"万历金翼善冠"高24厘米，冠口径20.5厘米，重826克，制作以编织为主，金冠由前屋、后山、翅三部分组成，分别使用了518根、334根、70余根直径0.2毫米的金丝进行编织。冠身薄如轻纱，空隙均匀别致，冠上端饰有二龙戏珠图案。运用了制丝、搓丝、掐丝、编织、填丝、垒丝、錾刻、焊接等工序，技艺非凡。1958年江西省南城县益庄明墓出土了一对立凤金簪（图1-2-43），造型栩栩如生，线条流畅，主要采用了花丝工艺中的掐丝、堆垒、焊接技术。这些作品代表了明代花丝工艺的最高水平。

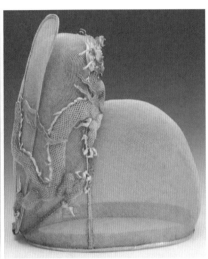

图1-2-41　明代，万历金翼善冠

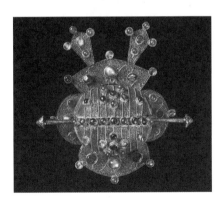

图1-2-42　明代，累丝嵌宝石金冠，江西南城明益庄
王朱厚烨墓出土

图1-2-43　明代，立凤金簪，江西省南城县益庄明墓出土

　　清代皇家专门管理生产供宫廷所需的各类金银器作坊的机构称"造办处"，从全国各地挑选专业高手进京为宫廷制作金银器。这使全国各地的工匠聚集一处，满族、蒙古族、

苗族等少数民族的金银器制作技艺与汉族互相渗透，南北方花丝技艺得以交流。推动清代成为继唐代之后的又一个金银器制作的高峰。这些机构不惜原料、工本而精工细作，只为追求雍容华贵、富丽堂皇的宫廷风格，以满足皇家的需求。

康熙、雍正、乾隆时期经济繁荣，社会稳定，国力强盛。金银器不但在宫廷盛行，在民间也有需求，形成社会风尚，此外还有大量的出口订单。16世纪，银花丝的订单主要来自西班牙和葡萄牙。从17世纪开始，英国人和荷兰人控制了广东的市场，中国工匠为英国订单制造了许多银器。1842年第一次鸦片战争结束后，我国各贸易中心（广州、香港、上海）开设了针对外国市场的专门商店。经过几个世纪的出口，中国花丝进入了不少国家王公贵族的视野。2006年在荷兰的冬宫博物馆阿姆斯特丹分馆举办的沙皇的东方花丝珍品展展览，展示了俄罗斯圣彼得堡艾尔米塔什博物馆的馆藏——从17世纪到19世纪为满足欧洲订单而制作的花丝制品，里面大量出自中国花丝艺人之手（图1-2-44、图1-2-45）。在出口花丝物品上留下印签❶的中国花丝大师有Leeching，Hoaching和Cutshing等，后者Cutshing中文名为吉星。这几位花丝大师有自己的公司，并在几个城市设立分部，从1851年开始，作品甚至在欧洲和美国的一系列世界展览会上展出。

图1-2-44 清代，中国手链局部，Leeching，1850~1860年，黄金、象牙，圣彼得堡艾尔米塔什博物馆

图1-2-45 清代，中国篮子，Cutshing，1820~1840年，银、珐琅、部分鎏金，圣彼得堡艾尔米塔什博物馆

明清两代的金银器风格不同于唐代的生机勃勃、丰满富丽，也不同于宋代的清秀典雅，而是趋于华丽，宫廷气息浓厚，装饰着许多龙凤图案，还加入了色彩斑斓的宝石镶嵌，象征着高贵和权势，体现了明清两代对宫廷装饰艺术风格的追求。不同点是明代带一些轻盈活泼的宋代金银器遗风，而清代金银器整体华丽、细腻，装饰繁丽。从两代整体金银器制作技艺上看，明代出土的金银器能体现花丝工艺的代表作品较多出土于帝王公侯的陵墓，多来自皇家银作局技艺非凡的能工巧匠之手，代表了皇宫内府花丝工艺的造诣，如前面提到的万历金翼善冠、立凤金簪，还有湖北种祥明梁庄王墓出土的金累丝镶

❶ 19世纪初之前，出口的花丝银器上缺少制作者的标记，直到之后出口的银器上打上了欧洲的标志后，才有了中国的印签，为了便于西方国家辨识，中国花丝大师留下的为拉丁字母组成的名字。

玉嵌宝鸾凤穿花分心（图1-2-46），浙江临海明王士琦墓出土的金累丝蜂蝶赶菊花蓝簪（图1-2-47）等，可以看出明代花丝工艺的发展尤为突出。这个时期首饰的表现内容也极大丰富，出现了极具特色的以楼阁和人物为内容的头面❶（图1-2-48、图1-2-49）。清代工艺上追随明代进行创新，在金银器上点翠、烧珐琅、增加了珍珠、珊瑚、玳瑁以及其他彩色宝石等多种材料的运用，花丝装饰细腻，展现出瑰丽、浓艳，华贵的时代气息（图1-2-50、图1-2-51）。

图1-2-46　明代，金累丝镶玉嵌宝鸾凤穿花分心

图1-2-47　明代，金累丝蜂蝶赶菊花蓝簪

图1-2-48　明代，金累丝楼阁人物掩鬓

图1-2-49　明代，金累丝楼阁人物簪

图1-2-50　清代，银镀金嵌珠宝瓶花

图1-2-51　清代，银镀金嵌珠宝花盆式簪

（六）宫廷艺术流入民间

辛亥革命后，封建王朝被推翻，清宫廷造办处解散，花丝艺人或还乡，或到金银楼，宫廷艺术流入民间，致使民间金银店铺增多，推动了国内市场的扩大。北京前门一带是"首饰楼"集中的地方，出现了一些行业中的顶尖人物，如人称"花丝王"的张聚伍，

❶ 头面：指首饰，即头部装饰品，是古时妇女头饰物的总称，泛指凤冠、发辫、珠花、耳环、簪子等物。

艺人于海、赵子元、王子厚等，都身怀绝技。张聚伍擅长掐丝制作花丝人物，宣统大婚的时候，被传入宫中为正宫娘娘制作首饰，他制作的宝花篮还曾在巴黎国际博览会上获得好评。抗日战争时期中国内外贸易停止，内忧外患，社会动荡，市场萧条，花丝作坊纷纷倒闭歇业，艺人流离失所，张聚伍饥寒交迫，在回乡路上去世，此后花丝行业濒临绝境。

中华人民共和国成立以后，党和政府对工艺美术制定了"保护、发展、提高"的方针。1955~1956年，北京由一家一户作坊式的个体劳动，相继组织起公私合营的北京花丝厂、北京第一和第二花丝生产合作社、北京第一和第二镶嵌生产合作社。1958年将它们合并，建立集体所有制的北京花丝镶嵌厂，同年开办"工艺美术学校"，为工艺美术的发展注入了新鲜血液。20世纪70年代北京花丝镶嵌厂产品以出口为主。在"百花齐放、推陈出新"的文艺方针指导下，20世纪80年代中期，花丝与其他工艺结合的人物新产品开始出现，涌现过一些花丝行家，包括长于实操技术的毕尚斌、姚迎春、南志刚、潘德月等工艺美术大师；和以设计见长，从各地工艺美术学校毕业后再拜师学艺的王树文、程淑美、白静宜等工艺美术大师。到20世纪80年代末期，我国工艺品出口受到国外市场因素的影响，订单数量锐减，另外经营和市场环境每况愈下，北京花丝镶嵌厂最终于2002年破产。国内大众市场的缺乏，广大民众认知的欠缺，以个人为单位的小作坊经营艰难。老艺人相继离世，健在的国家级工艺美术大师年龄偏大，花丝工艺的继承形势一度异常严峻，陷入了濒临灭绝的境地。

（七）现状

随着我国社会经济发展转型，文化产业得到重视，中华人民共和国文化部多次颁布相关文件大力支持我国工艺美术行业，2008年正式将"花丝镶嵌制作技艺"列入国家级非物质文化遗产的保护名录。多所院校先后在教学、科研方面对传统工艺的研究投入教育资源，例如清华大学美术学院、山东工艺美术学院、上海大学美术学院、上海工艺美术职业学院、广西桂林旅游学院等。企业也在花丝的被认知和保护中起到了重要的推动作用，如广东品牌潮宏基，建立了首例中国珠宝行业对国家级非物质文化遗产进行保护的花丝镶嵌工作室，品牌除了拥有内部设计中心，开发艺术、人文类型的产品，还集结了原北京花丝镶嵌厂的工艺大师姚迎春等十多位工艺精湛的老艺人，对故宫珍宝进行1:1的比例仿制，包括著名的嵌宝蝴蝶簪、累丝嵌松石盘等；后期制作了花丝风雨桥大型工艺摆件，突破了过去传统花丝工艺产品以小巧为主的定律。其他还有昭仪翠屋、百泰、周大福等企业也积极响应，在原来的产品线之外开发带有花丝工艺的首饰，拓展手工艺品市场业务。

现在，花丝工艺制作和生产主要分布在北京、河北、四川、贵州、云南、广东等地，最具特色的是以北京及河北大厂地区为主的京派花丝和四川成都、贵州黔东南地区为主的西南花丝。京派花丝风格延续皇家的富丽堂皇，是对传统宫廷技艺的继承和发展。主要用黄金作为材料，即便用纯银也往往会镀黄金。制作技艺繁复，以堆、垒、编、织见长，除花丝工艺外还常伴有镶嵌，辅以点翠、珐琅等工艺（图1-2-52、图1-2-53）。广东出产的花丝也多为这种风格（图1-2-54），作为自古以来重要的对外贸易口岸，广州在2000多年前的南越国时期已与海外有广泛的交流，清代出口的花丝物品，不少出自广东工艺师之手。

图1-2-52　"琳朝珠宝"品牌，《未来·可期》坠饰　　图1-2-53　"万宝德"品牌，发夹　　图1-2-54　"百年宫廷"品牌，《暗香盈袖系列·兰》

　　西南花丝分布在中国西南部，扎根西南少数民族地区，以四川成都、贵州黔东南地区为主。花丝以高纯度白银为材料（图1-2-55、图1-2-56），通体银白色，光洁素雅，给人一种自然清新、朴实雅致的感觉。制作经过熔炼、轧片、拉丝、掐丝、抛光、压亮等工序，偶尔辅以镶石、镀金等工艺。这个区域的花丝特点是以"平填"技法为主，无胎成型❶，尤其是四川成都的花丝。西南花丝图案纹饰多为人们日常生活中常见的花鸟鱼虫形象，还有一些西南少数民族独有的图案纹样，如铜鼓、翔鹭等，具有浓郁的民族特色和地方风格。

　　其他比较有特色的还有新疆维吾尔自治区喀什地区维吾尔族的花丝，工艺历史悠久，具有西亚、中亚地区粟特和萨珊传统首饰的影子，注重结构的韵律美与装饰的几何化，造型别致，但花丝首饰的种类相对比较少，代表首饰为和田式花丝耳环（图1-2-57）。

　　花丝在四川、贵州、云南、新疆等少数民族地区长期作为服饰、首饰等人体装饰，表明其在民间有着广泛的民众基础和消费市场，在长期的生产活动中融入了区域民族文化，形成了相应的民族标识。由此可以看出，一项工艺得以继承和发展，广泛的民众基础是其传承、延续的根本。

---

❶ 无胎成型：就是艺人根据设计图稿先用银丝作出图形边框，中间用不同的技法填上图案纹饰，经过焊接组合成型，再运用打磨抛光等表面处理，最终形成花丝工艺制品。无论是平面造型或者立体造型的制品，均不用胎，而是直接成型。

图1-2-55 "道安"品牌

图1-2-56 "月如银"品牌

图1-2-57 和田式花丝耳环

思考题：

1.花丝工艺与花丝镶嵌是何关系？花丝工艺与金银细金工艺是何关系？

2.古文明时期哪些地方有花丝工艺？

3.许多国家制作的花丝物件具有相似面貌，发生在什么时候？

4.压铸机生产的机器工业花丝用过什么材料？

5.我国最早的金属工艺品为什么材质？

6.中国历史上花丝工艺的巅峰出现在哪个时期？

7.西南花丝的特点是什么？

第二章　花丝基础工艺实训

课程内容：花丝工艺的基础
　　　　　平面首饰的制作
　　　　　立体首饰的制作
　　　　　花丝纹样的练习

课程性质：理论与实践

课时安排：3课时 | 34课时

本章重点：掌握花丝工艺流程，了解花样丝与纹样

学习目的：通过实践掌握花丝工艺流程，理解平填与花丝物品
　　　　　的成型，对花样丝与纹样有一定的认识。

教学方法：讲授法、演示法、实践法

　　花丝基础工艺实训，是以了解花丝工艺所用的材料和工具、主要技法与工艺流程、花样丝与纹样之后进行实践训练的课程。通过平面花丝首饰、简单立体造型的花丝首饰的练习来达到了解花丝首饰制作基本流程的目的。在实践中，理解"平填"技法，掌握花丝首饰制作的基本要领。然后通过有选择性地制作花丝纹样的练习，提升对传统花丝花型的了解以及对花丝工艺美的理解，本章的每个实训练习都极具特点，富有代表性。

第一节　花丝工艺的基础

一、材料与工具

（一）钳剪类工具

1.扁嘴钳、圆嘴钳、尖嘴钳

　　扁嘴钳、圆嘴钳、尖嘴钳是花丝制作中常用的钳子。主要用于夹持花丝及金属部件，进行弯折、卷曲等造型，往往同时需要左右手各持一把钳子，以便更好地操作（图2-1-1）。

图2-1-1　扁嘴钳、圆嘴钳、尖嘴钳（从左到右）

2.有牙尖嘴钳（老虎钳）

　　有牙尖嘴钳的钳子内侧两边有横纹，增加了夹持的力度，在拉丝的过程中可以牢固地夹住金属丝，便于拉拽操作（图2-1-2）。

图2-1-2　有牙尖嘴钳（老虎钳）

3.剪钳

　　剪钳主要用于剪断丝状材料。由于剪钳头部两侧一面是平的，另一面有角度，导致所剪的材料断口截面形状会因剪钳的朝向而有所差异，平的一侧剪口平整，有角度的一侧剪口尖锐，呈现三角形，使用时按照需求可以灵活运用（图2-1-3）。

图2-1-3　剪钳

4.手工尼龙钳

　　手工尼龙钳用于金属面的整形。由于钳口有塑料配件，可以保护花丝金属面不受钳子的伤害（图2-1-4）。

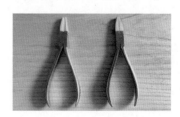

图2-1-4　手工尼龙钳

（二）度量工具

1.电子卡尺

电子卡尺其精度可以达到0.02毫米，对于纤细的花丝，非常适用，比金工训练通常使用的普通卡尺精准得多（图2-1-5）。

2.戒指圈套装

戒指圈套装分为戒指度圈和戒指度尺。戒指度圈是一套用于测量手指粗细的圈环集合，通常使用港度标准，即1～23号的圈环。戒指度尺通常用于戒指圈号的测量（图2-1-6）。

3.制板制子

制板制子是呈阶梯状，带有刻度，用于测量花丝的长度，便于截取、制作花丝纹样（图2-1-7）。

（三）锯切工具

1.锯弓

锯弓是用于安装锯条的弓架（图2-1-8）。

2.金工锯条

金工锯条用于切割金属，两侧一面有齿，另一面光滑。分为多种型号，常用的型号为No.2/0，No.3/0（图2-1-9）。

（四）备丝工具与设备

1.熔金炉和坩埚

熔金炉（图2-1-10）是用于熔化金属的设备，金属量多时使用。通常金属量少时可以直接用坩埚——白色、石膏质地的杯状或碗状器皿（图2-1-11），来作为熔化金属的容器，操作时将金属放入其中，通过火枪高温加热使金属熔化。

2.熔金槽

熔金槽也称为油槽，是对熔化的金属进行塑形的工具。熔金槽附带条状铁块，用来控制、调节金银条的大

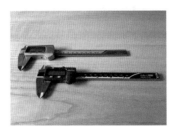

图2-1-5 电子卡尺

图2-1-6 戒指度圈和戒指度尺

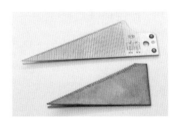

图2-1-7 制板制子

图2-1-8 锯弓

图2-1-9 金工锯条

小。将熔化的金银倒入熔金槽前，需要在熔金槽底部涂油以避免沾底，切记不可涂汽油、润滑油等可燃性油类（图2-1-12）。

图2-1-10 熔金炉

图2-1-11 坩埚

图2-1-12 熔金槽

3.拉丝板

拉丝板是带有从大到小孔洞的钢板，用于拉制不同型号的金属丝。操作时需要将金属丝的端头磨尖，并且磨尖的部位需要有一定的长度，然后将金属丝逐个通过丝孔拉细。普通拉丝板最细可以制作直径0.26毫米的金属丝（图2-1-13）。

4.搓丝木

搓丝木是用来搓丝的木板。搓丝是将两股或多股金属丝缠绕在一起，搓丝木的使用可以使金属丝缠绕得更加均匀、紧密（图2-1-14）。

5.手摇钻

手摇钻配上钻头可以用于金属钻孔，通常在所需钻孔数量相对较少时使用，操作时钻头与金属表面始终保持垂直。在花丝物件的制作中，手摇钻可以用来制作双股的花丝，通常在金属丝不长时使用。操作时将两股金属丝一端固定，另一端夹在钻头位置，旋转手柄就可获得相对均匀的双股花丝（图2-1-15）。

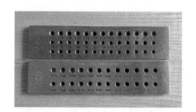
图2-1-13 拉丝板

图2-1-14 搓丝木

图2-1-15 手摇钻

6.手摇压片机

手摇压片机可压制各种型号的金属丝、金属条或金属片。手摇压片机使用时最好固定在桌面或钳工台上。在花丝工艺中，主要用于将金属丝压扁（图2-1-16）。

7.吊机

吊机是一种多功能的工具，可以通过配套的针具，如砂针、橡胶轮、抛光轮等，实现钻孔、打磨、抛光等操作，也可以用于搓花丝（图2-1-17）。

图2-1-16　手摇压片机

图2-1-17　吊机

（五）掐丝及辅助工具

1.掐丝镊

掐丝镊是一种头部比较尖，上半部分比较厚的镊子。用于外框及内部花丝的掐制工序（图2-1-18）。

2.掐丝板

掐丝板是一块片状物品，大小可以根据所需要掐丝的面积而定，通常为圆形，直径不小于6厘米。材质可以为铜、玻璃等（图2-1-19）。

3.拷贝纸、硫酸纸

拷贝纸、硫酸纸半透明，用于画稿，比对着掐丝（图2-1-20）。

图2-1-18　掐丝镊

图2-1-19　掐丝板

图2-1-20　拷贝纸、硫酸纸

4.粘活纸

粘活纸用于将花丝粘贴、拼接于其上形成图面，而后进行焊接。采用生宣纸、卷烟纸等，往往先在拷贝纸、硫酸纸上比对着掐丝，然后用胶贴于生宣纸或卷烟纸上。用美纹纸胶带（图2-1-21）之类本身带一定黏性的纸，可以直接用来固定花丝。粘活纸有助于花丝面的成形。

5. 白芨胶和白胶

白芨胶和白胶用于拼粘花丝。用白芨胶粉需要加适量的水进行调和；用白胶需要兑水，调低其浓度（图2-1-22）。

图2-1-21 生宣纸、美纹纸胶带

（六）塑形工具

1. 金属锤

金属锤可用于金属塑形。如果金属表面不平整可以使用方锤敲平，也可用圆头锤的平面塑平（图2-1-23）。

2. 木锤和橡胶锤

木锤和橡胶锤端头由木料或橡胶制成，质地较金属锤软。这类锤子在金属及花丝部件上敲击时不容易留下印痕，可用于成品及半成品材料或部件的塑形和整形（图2-1-24）。

图2-1-22 白芨胶粉和白胶

3. 铁砧和四方铁

铁砧是用于辅助锤子整形、塑形等操作时，衬垫在下面的铁砧（图2-1-25）。四方铁根据需要可以选用不同的大小（图2-1-26）。

4. 窝砧套装

窝砧套装由冲头及窝砧组成。窝砧又称坑铁，表面有各种尺寸的半球形凹坑，可与冲头相匹配，用于塑造弧面的金属造型（图2-1-27）。

5. 首饰形状修整套装

首饰形状修整套装包括圆形手镯棒、戒指棒等。圆形手镯棒，主要用于手镯的塑形、锻打。戒指棒用于戒指的整形，使指圈更加工整、浑圆（图2-1-28）。

图2-1-23 金属锤

图2-1-24 木锤和橡胶锤

图2-1-25 铁砧

图2-1-26 四方铁

图2-1-27 窝砧套装

图2-1-28 手镯棒和戒指棒

（七）焊接材料与工具

1. 焊枪套装

焊枪套装由焊机、焊枪组成，中间由橡胶管连接。焊枪套装使用航空汽油、白电油作为燃料，操作灵活，在工作室及企业中广泛应用（图2-1-29）。

2. 旋转焊台

旋转焊台是一个下端有旋转转轴的圆盘，盘内铺有耐火材料。焊接时可以平稳旋转，既能保证大面积焊接时所有部件加热均匀，又可以旋转到任意角度后，有针对性地进行局部焊接（图2-1-30）。

3. 焊瓦（耐火板）

焊瓦用于焊接时放置焊接物，起到防火隔热的作用，将火与工作台面隔离而不损伤工作台面（图2-1-31）。

图2-1-29 焊枪套装　　图2-1-30 旋转焊台　　　　　　图2-1-31 焊瓦

4. 蜂窝焊板

蜂窝焊板是耐高温砖材质，表面有大量均匀的孔，可以快速提升焊接时的温度，也可以使焊接温度保持稳定。使用时可以放置在焊瓦或旋转焊台上面，以隔绝传导到桌面的热量（图2-1-32）。

5. 焊夹

焊夹主要由钢材制作而成，用于焊接过程中夹持物件，不用手持即可将物件固定，方便焊接。包括葫芦夹、弯嘴反弹焊夹、万向反弹焊夹等（图2-1-33）。

6. 焊接镊子

相对于掐丝镊，焊接镊子厚度均匀，尺寸较长。用于焊接时夹持焊药、焊接物等，不焊接时亦可用于夹持物品（图2-1-34）。

7. 铁丝网

细铁丝网通常放置于焊台上使用。焊接时可以使金属料的温度更加均匀，保证焊料同时熔化（图2-1-35）。

图2-1-32　蜂窝焊板

图2-1-33　葫芦夹和弯嘴反弹焊夹

图2-1-34　焊接镊子

8.焊药

焊药包括焊片、焊条和焊粉，银焊粉有红药和黄药之分，通常用于花丝焊接的银焊粉为红药（图2-1-36、图2-1-37）。焊条和焊片有高、中、低温之分，按照需求选用。

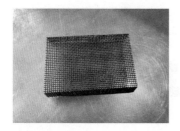

图2-1-35　铁丝网

图2-1-36　焊条和焊片

图2-1-37　焊粉

9.硼砂

硼砂为白色粉状物，在焊接过程中作为助焊剂，帮助焊料快速流动。使用时通常在硼砂中加入少量的水，用棉签或尼龙勾线笔蘸取使用。花丝焊接所用的硼砂需要加热，使其与水充分融合（图2-1-38）。

10.尼龙勾线笔

尼龙勾线笔在焊接花丝及精细部位时，用于蘸取硼砂水涂于待焊接的部位。清洁、干燥时，也可用于收集撒多的焊粉（图2-1-39）。

图2-1-38　硼砂

（八）清洗材料与工具

1.明矾与不锈钢碗

明矾呈透明晶体块状，主要用于去除金属氧化层。不锈钢碗是用于煮明矾的金属容器（图2-1-40）。

2.铜丝刷

铜丝刷用于清洁金属表面污垢以及氧化层（图2-1-41）。

图2-1-39　尼龙勾线笔

（九）打磨、抛光工具及设备

1.锉刀

锉刀用于打磨及修整金属表面，有红柄锉、三角锉、小半圆锉以及其他整形锉等，使用顺序为从粗到细进行打磨。锉刀使用时应注意手法，由于锉齿朝前，使用时主要向前推动，以适当的力度锉修，回位的时候不需要用力，带回即可（图2-1-42）。

图2-1-40　明矾与不锈钢碗

2.砂纸

砂纸用于金属表面修整。可以用来制作成砂纸卷、砂纸推板，与砂纸夹等工具搭配使用，来处理各种表面、边角。常用的有240目、600目、800目、1200目等，数字越大砂纸表面越细腻（图2-1-43）。

图2-1-41　铜丝刷

3.玛瑙刀

玛瑙刀多用于银饰的手工压光，配合清水可用于花丝物品、部件边缘及表面的手工抛光，这种抛光方法是利用金属的延展性，把局部压实，从而增加亮度，对银饰来说没有损耗（图2-1-44）。

图2-1-42　锉刀

图2-1-43　砂纸

图2-1-44　玛瑙刀

4.滚筒抛光机

滚筒抛光机内的滚筒内置金属珠粒，操作时垂直于桌面，360°旋转。由于花丝物品多运用纯度高的贵金属材料制作，质地柔软，使用滚筒抛光机需要谨慎（图2-1-45）。

5.打磨机

打磨机为可以调整转速的小型打磨设备。头部可以夹橡胶轮等，用于对金属的表面进行抛光（图2-1-46）。

6.橡胶轮

橡胶轮用于抛光的耗材工具，需要夹在打磨设备上才能使用（图2-1-47）。

图2-1-45　小型滚筒抛光机

图2-1-46 打磨机

图2-1-47 橡胶轮

二、花样丝与纹样

技之巧，线之美。花丝以工艺繁杂、表现力丰富著称，无论用于平面装饰，还是立体造型，都显现出独特的风貌，辨识性极强。花丝工艺的装饰纹样主要由素丝、花丝和花样丝三大类组成，其中花样丝是花丝工艺中最重要的表现形式。

从拉丝板中拉出来的单根，表面光滑的丝称为"素丝"或"光丝"。素丝分为两种，一种就是经过拉丝板拔制出来的丝，通常为圆丝或方丝；另一种是扁素丝，将拉丝板拔制出来表面光滑的素丝压扁后，就成为扁素丝（图2-1-48）。

基础花丝分为圆花丝和扁花丝（图2-1-49）。圆花丝由两根或多根素丝搓制而成，搓得越紧纹路越密，两根搓成的花丝是花丝工艺中最常见的，正方向搓丝为正向花丝，反方向搓丝为反向花丝。将圆花丝压扁即形成扁花丝。通常花丝工艺里用于掐、填的丝都需要压扁。

图2-1-48 圆素丝和扁素丝

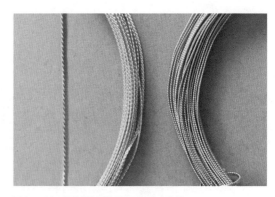

图2-1-49 圆花丝和两款疏密不同的扁花丝

花样丝是在素丝或花丝的基础上进一步加工制作而成的，是具有更多丰富形态的丝，常见的花样丝有拱丝、竹节丝、螺丝、码丝、麦穗丝、凤眼丝、麻花丝、小辫丝等，分别应用于各类花丝制品的创作中。花样丝既是花丝工艺的初成品，又是制作花丝工艺品的基础材料之一，通过线条多变的造型，来体现花丝物品的美感。丝越细操作越难，对制作者的技术要求越高。

（一）花样丝常用种类

从素丝到花丝的顺序，列举常见的由两者制成的花样丝。

1.圆素丝可以制成祥丝、螺丝、码丝、套泡丝、拉泡丝

祥丝：将圆素丝紧挨着搓绕在一根衬丝上，即为祥丝。

螺丝：又称弹簧丝，螺丝的制作与祥丝相近，是将圆素丝等距离搓绕在一根衬丝上，去掉衬丝形成螺丝。两者不同的是螺丝有间距，无衬丝；而祥丝无间距，有衬丝（图2-1-50）。

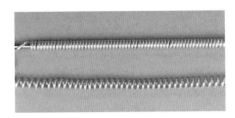

图2-1-50　上为祥丝，下为螺丝

码丝：螺丝经工具压平或推平，即是码丝。如果使用压片机，注意不能将丝压扁，圆素丝需保持浑圆的状态（图2-1-51）。

图2-1-51　码丝

套泡丝：又称丝芭子、穿丝网、套泡坯、泡坯子，根据螺丝的间距一根根相套，是花丝工艺常用编织技法之一（图2-1-52）。

拉泡丝：把螺丝织成的套泡丝拉开，压扁后筛焊粉焊接固定，就是拉泡丝（图2-1-53）。

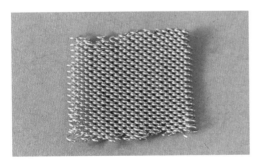

图2-1-52　套泡丝

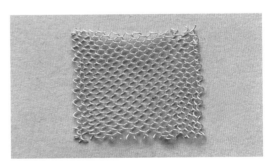

图2-1-53　拉泡丝

2.扁素丝可以制成拱丝、门洞丝、竹节丝、犬牙丝

门洞丝：将单股扁素丝在两根细棍上来回缠绕，根据所需长短，将两根细棍抽出，既成门洞丝。将门洞丝调整收紧，即呈似数字"8"的拱丝，又称巩丝、水波丝（图2-1-54）。

竹节丝：将单股扁素丝向上方搓，就可形成竹节形状。竹节的长短、疏密可通过手搓力度控制。越用力，搓的次数越多，竹节越密。扁素丝的宽度也影响竹节的长短（图2-1-55）。

犬牙丝：又称锯齿纹，用单股扁素丝通过齿轮状工具制出连贯且重复的"V"字造型，传统中用于边缘纹样和动物的牙齿（图2-1-56）。

3.花丝可以制成麦穗丝、凤眼丝、小辫丝等

麦穗丝：正向和反向搓制成的花丝各一根，平行合焊在一起即成麦穗丝。

凤眼丝：将纹路搓得比较松的花丝压扁，即出现凤眼状。纹路越稀，凤眼越长（图2-1-57）。

小辫丝：把三根、四根或更多根花丝编成小辫样式即成为小辫丝（图2-1-58）。

凡素丝制成的花样丝，均可以用花丝替代制作。

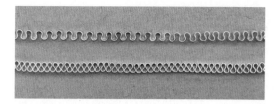

图2-1-54 上为门洞丝，下为拱丝

图2-1-55 竹节丝

图2-1-56 犬牙丝

图2-1-57 上为麦穗丝，下为凤眼丝

图2-1-58 上为四股小辫丝，下为三股小辫丝

（二）花丝基本纹样

传统的花丝作品，往往追求繁复与奢华，由多种类型的纹样重叠构成。以下列举常见的花丝基本纹样。

1.螺旋纹

螺旋纹是花丝工艺中最为常用的填充纹样，将压扁的花丝或素丝通过弯卷缠绕的方式制成，时常被用于填首饰及摆件上的花卉。螺旋纹可分为平填螺旋纹和弯曲螺旋纹（图2-1-59）。平填螺旋纹将压扁的丝通过卷曲缠绕的方式进行盘卷，过程中需要注意所用银丝的完整平滑，形状窄的部位需要紧密贴合，宽的部位留出均匀的空隙；而后用镊子将盘卷好的螺旋纹外形进行调整；调整完毕后填入提前制作好的外框内。弯曲螺旋纹与平填螺旋纹的制作方法基本相似，只是在制作过程中逐渐将纹样两端进行弯曲而有别于平填螺旋纹，盘卷过程中需要对螺旋纹进行有意的弯曲，注意每一层纹路之间的间距要均匀，并且保证最中间的起始纹样不变形。最后将制作好的弯曲螺旋纹填进已经制作好的外框当中。

初学者由于刚刚起步，对盘卷螺旋纹的面积掌握缺乏经验，建议选择将丝贴着外框向内的边缘，以逐步缩小面积，盘卷的方式进行螺旋纹的填制，这种方法制作的螺旋纹结束的末端在螺旋纹的中心。

2. 小6纹

小6纹因其纹样酷似阿拉伯数字6而得名，制作方法相对简单，只需将银丝的一端弯曲成一个小圈，然后根据所要填纹样的长短剪出所需线段，即成小6造型，挨个填入即可（图2-1-60）。填充时注意将小6纹的尾部靠紧，有利于焊接。

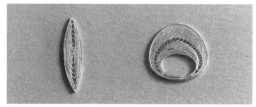

图2-1-59　平填螺旋纹和弯曲螺旋纹

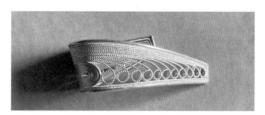

图2-1-60　小6纹

3. 蔓丝

蔓丝俗称旋罗纹，又称为唐草纹、蔓草纹、卷草纹（图2-1-61）。将扁丝卷成小蔓，常用于填二方连续图案或用于表现花蔓。制作方法为用镊子将花丝圈成小弯头，呈卷纹状，按边框轮廓的要求用小剪子剪成不同长短待用；然后将卷纹逐个填入图形内，要求造型规整，疏密恰当。蔓丝中时常被用作底纹的为平填旋罗纹（图2-1-62），制作时需要注意每个单元长度一致，以制作出规整的造型。

图2-1-61　蔓丝

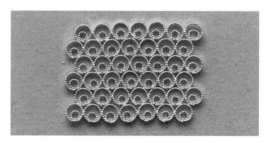

图2-1-62　平填旋罗纹

4. 堆松

堆松又称松丝，是花丝工艺中常见的单个小花纹，因其外形像松针而得名。制作方法是将祥丝从衬丝上取下来，围绕一根直径较细的丝均匀缠绕，剪下后用镊子调整成小圆圈，然后将等长的银丝烧融成球作为松丝的中心，再将焊药放置在接触点上用软火进行焊接。按照需要，有时可以堆成多层（图2-1-63）。

5. 枣花纹

枣花纹是由多个曲边三角形组合而成的纹样，因外形类似枣花而得名（图2-1-64）。

制作需要准备一根宽度为3~5毫米的铜片作为模具，将压扁的银丝紧密缠绕其上，达到所需数量后从模具取下。这个步骤也可以使用制板制子工具，将扁丝制成许多同样宽度的线段，然后用剪钳将银丝以三节为一单位剪下来。接着将剪切好的银丝按照所需数量逐个掐制成曲边三角形，然后将制作好的曲边三角形摆放成枣花纹进行焊接，而后在花的中心部位装饰花丝小圆圈或珠粒。

图2-1-63　堆松

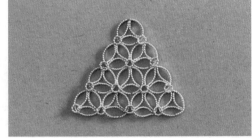

图2-1-64　枣花纹

6. 古钱纹

古钱纹又称铜钱纹，是中国花丝工艺制品中常用的底纹之一，通常制作方法有套古钱纹（图2-1-65）与平填古钱纹（图2-1-66）。套古钱纹将圆环闭合焊接，一排排整齐排放，焊接成一体后，在每4个环的中心再套1个圆环，形成铜钱的外观。平填古钱纹的制作与枣花纹相似，仅在剪切原料时，由枣花纹的三节为一单位，变为四节一单位，因此制作出来的基本形状也由枣花纹的曲边三角形，变成古钱纹的曲边正方形。掐制到一定数量后，将制作好的曲边正方形平整摆放，组合填制后焊接。

7. 云纹

云纹是花丝工艺底纹中形状较不规则的一种纹样，每个小单元具有不对称的外观（图2-1-67）。制作时需要先在掐丝板上绘制好云形纹样，沿着绘制好的纹样制作一个云形样本，然后将样本展开分别测量各个转折点之间的距离。根据测量的数据，批量制作多个节点尺寸相等的云纹半成品。再将制作好的半成品，按照掐丝板上的图形掐成云纹，然后排放整齐，进行焊接。

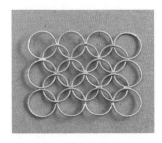

图2-1-65　套古钱纹

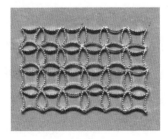

图2-1-66　平填古钱纹

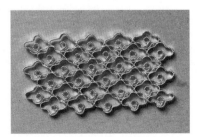

图2-1-67　云纹

三、主要技法与工艺流程

花丝工艺属于金银细金工艺，为金属工艺中的精细工艺，工艺流程繁多，主要技法概括为堆、垒、编、织、掐、填、攒、焊八个字。其中掐、填、焊为最基本技法。了解花丝工艺的主要技法与工艺流程，将有助于理解此项工艺所创造出来的视觉呈现，有助于之后的实训练习。

（一）主要技法

1.堆

堆即"堆灰"，把炭粉用白芨加水调成泥状，将"泥"堆起，塑制成所需要的胎型。待它干燥，再将掐制好的花丝纹样用白芨胶粘在胎型上，根据所粘花纹的疏密，撒上焊粉，加热焊接。之后用火将白芨和炭粉堆起的胎烧成灰烬，只剩下镂空的花丝空胎，称为"堆灰"。堆灰工艺只适合透体镂空的花丝物品，时常用作器皿，是一项比较难掌握的技艺，需要长期反复训练。

2.垒

垒指的是两层以上的花丝纹样的合体，还含有"叠"的意思。垒的技法主要用于体现花丝物品的立体效果，让视觉呈现更为丰富饱满。

垒有两种做法，一是在实胎上粘码花丝纹样图案，然后进行焊接。二是在部件的制作过程中将单独纹样垒叠成图案。从制作上区分可以分为粘垒和焊垒。粘垒就是把掐制好的纹样一层一层粘起来之后，再统一焊接。焊垒是把掐制好的纹样一层一层分别先焊好，再攒焊在一起。焊垒对焊药的要求比较严格，因为它是多次焊接，要掌握好焊药的性能、熔点。

3.编

用一股或多股同一型号的花丝或素丝，按经、纬方向编成花纹，称为编。编丝的纹样有席纹、小辫、人字、十字和菱形等。编丝时，大部分使用不压扁的圆花丝，很少用扁丝。编丝前需要将花丝或素丝均匀过火烧软，这样的丝编起来可以柔软随形。编丝时手劲要均匀，才能编制出疏密均称、高度齐整的花纹。不能过于用力，以免断丝。

4.织

织是单股花丝按经纬原则表现纹样，通过单丝穿插制成纱之类的视觉样貌。织与编既相像又不同，织的种类很少，花样丝中的"套泡丝"的制作一般使用织的技法，呈网状纹理，在此基础上经过加工又可以织成不同纹样的网，有圆孔网、方孔网、扁圆网等。织技法一般用于花丝人物的裙带，或作为花丝物件的底纹，早在明代技艺就很高超，万历皇帝的金翼善冠就用了这种工序。

5.掐

掐是花丝工艺的基础技法，就是用镊子把花丝或素丝掐制成各种纹样和花型。掐制框架通常用较粗的扁素丝。在掐纹样的时候，镊子要垂直向下，这样掐出的纹样规矩，另外纹样的接合处一定要严密。掐制时，掐单股丝或多股丝都可以，操作的关键是弯角要掐好。

掐丝的操作要领包括捋、隈（弯）、捏几个动作，首先镊子要把丝捋直，再进行弯曲，这样掐出的线条平滑流畅。然后用镊子将花丝隈弯曲，弧度一定要准确，制出来的型才能够规整。当纹样中需要出现死角，要用捏的方法，捏的时候手劲一定要匀，保持角与直线的平直，这样才能保证造型与纹样的高度统一。掐丝看似简单，要做好需要投入大量的时间练习。

6.填

填又称"平填"，就是把花样丝或掐制好的花丝纹样按照一定的顺序填在框架里，使平面的图案丰富，具有装饰性。首先根据纹样要求，压制高低不同的花丝和素丝，用火烧软。然后用较粗的扁素丝掐制框架，填丝的框架必须焊接对合处使其封口，否则将无法填制。接着把框架粘在粘活纸上，开始填丝。填丝所用的花丝或素丝必须是压扁的丝，一般不用圆花丝或圆素丝。辅助填丝的粘活纸可以为生宣纸、卷烟纸，也可以是美纹纸胶带。填丝需要投入极大的耐心。

7.攒

攒即组装，是制作花丝物品的一个关键工序，就是把用不同方法完成的花丝部件，组装成所需要的完整、复杂的花丝制品的过程。组装分半成品组装和成品组装。半成品组装就是将一个个元素组装成花丝物品中的部件。例如，一点点的组装植物的叶子，一根根的组装羽毛等，是个很细致的工序，要求制作者对结构特征有清晰的认识，并且有足够的耐心。成品组装就是将花丝部件组装成成品的过程，要注意作品的重心是否合适，结构是否合理，对称的地方是否对称，纹样与纹样之间是否密合等，要求制作者严谨对待。

8.焊

焊接是花丝工艺的基础技法之一，几乎伴随着花丝工艺的每一道工序。在焊接时，需要注意焊药的性能，根据不同的步骤选择不同的焊药，否则在后面的焊接中，容易出现个别焊接处开裂。焊接时对火焰的大小、温度的把控也十分重要，任何时候都要先整体升温，再有针对性地进行焊接，这样才能将焊药轻松熔化。

（二）工艺流程

花丝工艺选用柔韧性和延展性强的金、银等材料，经过多道工序制作成需要的花丝原料后，通过掐丝、焊接、清洗、抛光等流程形成花丝物品，通常制作的基本过程如下。

1. 备丝

如果金属料为块状，那么需要将金属放入坩埚，加温金属至完全熔化，然后预热坩埚口，顺着坩埚侧壁将融化的金属缓慢通过坩埚口倒入铸槽，等金属表面的红色消退，用镊子取出金属条，放入凉水中冷却后取出。化料的时候要注意不能掺进杂质，以免影响材料的质量。料多时可以运用熔金炉化料。使用的铸槽，内壁需要涂油以减少沾底，并提前预热以避免熔料遇冷四溅。

金属条从凉水中取出后擦干，通过压片机的压条槽逐一压成细方丝。过程中需要不断退火，并且调节阀不可转动过多，到金属条压至6~7毫米直径时，只转动六分之一圈左右就可以，以免金属条受力过猛产生毛边，造成材料耗损或表面的粗糙。之后将压好的金属条的一头锉细，通过拉丝板孔拉圆丝。过程中需要反复均匀退火，以保持丝的柔软，反复拉拔，直到金属丝达到所需要的粗细。金属丝必须从大到小依次通过每个拉丝板眼孔，不能跳过。

如果已经有了尺寸合适的丝，那么就可以直接退火搓花丝，通常用两根素圆丝搓制。丝搓的细密程度会直接影响到花丝制品最后的视觉效果。搓丝有多种方法，传统用搓丝木搓丝，现在可以利用吊机、手摇钻等工具进行花丝的搓制，不管用哪种工具，都需要注意用力均匀，避免丝断开，并且注意退火以保持丝的柔韧性。

最后要将准备好的花丝和素丝压扁至所需要的宽度，为下一步做准备。注意操作时，丝需要与压片机滚轴保持垂直状，并始终维持在压片机的同一个位置，避免挪移，有利于压过的扁丝宽度一致。另外压丝之前无须退火，以免出毛边。

2. 添丝

添丝运用到掐、填等技法，将掐好的花丝逐一填到素丝制成的边框内。务必细致和耐心，掐出来的花丝需要线条流畅，花样丝和纹样造型匀称、工整，单元和单元间没有间隙。采用的丝的长度一定要与造型所需的长度相符，过长造成浪费，过短会影响造型的美观性及牢固度，因为有的造型需要用一根丝掐、填到底，例如平填螺旋纹。添完后，需要检查所填好的花丝面是否平整，丝和丝之间的关系是否紧密。

花丝镊子不可用于退火、焊接，因为被火焰烧过的花丝镊子将会失去硬度，需要避免掐、填丝和焊接的镊子混用。

3. 焊接

用于花丝制品的焊药有焊粉、焊片、焊条三种。焊粉多用于花丝、花样丝构成的纹样或花型的焊接，称为平焊。焊粉通常分为黄药和红药，一般采用相对好控制的后者，用时均匀筛在花丝表面，量要适中。焊片和焊条多用于缝隙焊接和点焊，分为高、中、低温，操作时按照熔点从高到低的顺序进行，高温用于多次焊接，低温用于补焊。

无论是花丝制品的轮廓，还是部件的组装都离不开焊接。如果部件较多，通常按照面积从小到大的顺序进行。单个小面积花丝片由于受热面积较小，升温较快，可以快速均匀受热达到焊药熔点，比较容易焊接。较大面积的花丝由于受热面积大，升温速度会减慢，焊接难度增大，需要耐心观察，焊接时晃动火枪而不在某一点停留过长时间，保证花丝面均匀受热，直至焊药熔化流入缝隙。

花丝的焊接是一个难点，银材料的熔点与焊药的熔点接近，焊接时温度太高，银丝就会一起熔化，温度不够，焊药熔化不完全。

4.清洗

银质花丝饰品的清洁适合用明矾煮水清洗。使用时将明矾放入不锈钢杯中，加入适量清水，然后将因焊接后表面变色的花丝制品放入其中，进行加热煮洗。物体表面黑色氧化层在煮洗过程中会逐渐脱落，让花丝首饰重新回归银的本色。

除了用明矾煮水清洗外，还可以使用酸洗，可以是浓度10%的稀硫酸，也可以用稀磷酸。酸洗时需要注意做好保护措施，为防止酸液飞溅，必须佩戴好护目镜等防护用品。

5.抛光

花丝制品的抛光不同于其他，由于所用的金属往往纯度高、质地柔软，并且有镂空的成分，不适合用力度很强的布轮抛光机，以免花丝受力变形。可以采用放磁针的磁力抛光机，抛出来的花丝制品表面和缝隙的颜色、光泽一致，就是磁针会卡到缝隙里。采用放滚珠的小型滚筒抛光机，花丝制品表面会抛出亮光，缝隙则保留清洗干净后的颜色和质地，需要注意的是要控制好滚筒抛光机的转速和所使用的时间，以免强度过高伤到花丝物品表面的平整性。除了磁力抛光机、滚筒抛光机，另外还可以用玛瑙刀沾水对作品表面进行打磨抛光，用钢丝刷沾水轻刷花丝表面；对于物品的边缘，可以采用可调整转速的吊磨机进行局部抛光。

第二节　平面首饰的制作

一、课程简介

平面花丝首饰的制作是花丝首饰制作的基础，良好掌握平填花丝的技法，可以为下一步立体花丝作品的制作奠定基石。本节将通过对一个造型规则、厚度均匀、表面平整的带有吊环的花丝铜鼓片的实训练习，逐步掌握花丝镊子的使用，熟悉平填花丝的基本流程，对掐、填、焊接、清洗和抛光的要点有认识，了解制作工序前后要注意的事项。

（一）课程内容及教学目标

以带有吊环的花丝铜鼓片练习为例，进行花丝基础工艺的首个训练。按照要求制作花丝铜鼓片所需要的简易工具，在实践中了解平填技法的要领以及平面花丝制作的流程。要求完成的花丝铜鼓片造型规则、厚度均匀、表面平整，焊接到位。

（二）课程准备

1.纯银丝

0.7毫米圆素丝，0.4毫米圆素丝、两根0.3毫米圆素丝搓制成的花丝若干。花丝、圆素丝需要通过压片机压到横截面宽度为0.8毫米，其中0.7毫米圆素丝压的是轮廓丝，0.4毫米圆素丝和花丝压的是内填丝，所有的丝尽可能达到宽度一致，有助于制作的铜鼓面表面平整。由于通常花丝工艺里用于掐、填的丝都需要压扁，因此下面将扁花丝与扁素丝均简称为花丝、素丝，用到圆丝处会特定指出（本章制作实践所用的纯银丝材料皆包含以上几种规格，实际练习可以按需求自行调整）。

2.拱丝、圈纹的工具制作

准备两根10厘米长，横截面为8～10毫米的圆柱形细木棒，2根0.8毫米的绣花针。

制作拱丝的工具：使用锤子将一根绣花针在细木棒的横截面垂直扎眼，然后将针从细木棒上取出。在间隔1毫米处再次用锤子敲击，当针体垂直深入木棒后，在木棒顶面上留1厘米左右长度，用老虎钳将针剪断。绣花针剩余的部分用榔头敲进第一次扎的眼并深入木棒，两段针尽可能保持平行，手指推按不偏移（图2-2-1）。

图2-2-1　拱丝制作工具

制作圈纹的工具：在另外一根细木棒横截面的中心扎眼，用老虎钳剪去绣花针尖端的一段，将剩余部分用锤子垂直敲进细木棒，剩余一节1.2厘米左右的长度，剪去针鼻顶端一部分，制作出一个顶面为U形的工具（图2-2-2）。

图2-2-2　圈纹制作工具

二、实践步骤

（1）用轮廓丝制作铜鼓外圈，方法如制作戒指环。对接处需要用细小的焊片焊接。焊药若影响圈体外形，可以用锉刀、砂纸进行修整，使壁面光滑。完成后，将圈体套在戒指棒上，用胶锤敲击，使其呈正圆形（图2-2-3）。

（2）填第一圈花丝。通过手捋增加花丝的弹性，将它以比外圈直径大的弧度填入，这样可以使其紧贴外轮廓的内壁，然后用剪刀将其对合处垂直断开。闭合处可以重叠，重叠长度不大于1毫米（图2-2-4）。

（3）在工具上用内填素丝制作拱丝（图2-2-5）。

 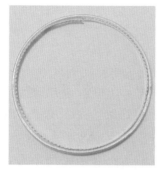 

图2-2-3 铜鼓外圈　　　　　　　图2-2-4 填花丝　　　　　　　图2-2-5 制作拱丝

（4）填入拱丝，元素之间尽可能密合。首尾拱丝需要在腰处（8字形的中间）剪开，便于对合（图2-2-6）。

（5）再填一圈花丝，方法同步骤（2）。然后在纸上画线，将圆分成6等分，准备制作S形圈纹（图2-2-7）。

（6）用圈纹制作工具，内填素丝制作S形圈纹。做出第一个尺寸合适的S形圈纹后，将其展开，按照同样的长度再剪5段素丝。然后将它们做成6对S形圈纹（图2-2-8）。

 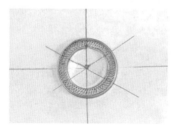 

图2-2-6 填入拱丝　　　　　　　图2-2-7 再填花丝　　　　　　　图2-2-8 制作S形圈纹

（7）将6个工整、大小一致的S形圈纹逐一填入，花丝部件之间需要没有任何空隙（图2-2-9）（接壤处非常紧密时，才可以用花丝镊子一把夹起）。

（8）再来一圈花丝，操作方法同步骤（2）（图2-2-10）。

（9）制作2或3对C形圈纹。操作方法与步骤6相似，只不过S形圈纹的两头方向相反，C形圈纹相对（图2-2-11）。

（10）在圈内将C形圈纹填入。所有元素已经填完（图2-2-12）（接壤处非常紧密时，才可以用花丝镊子一把夹起。若不确定，慎夹）。

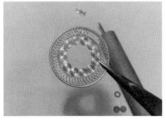

图2-2-9　填入S形圈纹　　　　图2-2-10　再填花丝　　　　图2-2-11　制作C形圈纹

（11）加水热熔硼砂呈薄糊状，用棉棒蘸取均匀置于花丝面，或者用镊子夹起花丝片整个在硼砂水中浸一下（图2-2-13）。

（12）在花丝面上均匀撒焊粉，可以用手撮，也可以用珐琅筛子或其他合适的工具（图2-2-14）。

图2-2-12　填入C形圈纹　　　　图2-2-13　涂硼砂　　　　图2-2-14　撒焊粉

（13）焊接，用温和的火在花丝面上均匀加热，直至焊药完全烧熔，铜鼓面变黑（图2-2-15）。

（14）检查花丝面，留有白色的地方为缺少焊药处，需补焊粉再次焊接，直到整个铜鼓面因焊药烧熔全部变黑。然后焊接吊环（图2-2-16）。

（15）将完成的花丝铜鼓片放在明矾水中煮洗（图2-2-17）。

图2-2-15　焊接　　　　图2-2-16　补焊粉　　　　图2-2-17　煮洗

（16）煮洗至花丝铜鼓片上氧化物完全去除后，从明矾水中取出，在流水下清洗，然后晾干或吹风机吹干（图2-2-18）。

（17）用玛瑙刀进行抛光，也可以尝试放入小型滚筒抛光机抛光（图2-2-19）。

图2-2-18 清洗和晾干

图2-2-19 抛光

铜鼓练习成品展示（图2-2-20～图2-2-23）。

图2-2-20 林沁彤作品

图2-2-21 王晨露作品

图2-2-22 叶婷作品

图2-2-23 李雪静作品

三、知识点

（一）花丝面的平整

练习中的素丝、花丝的横截面需一致，这是铜鼓面平整的关键。除此以外，填的时候可以用花丝镊子尾端的平阔处按压花丝面，这样各个部件不会由于角度问题高于其他部位。在整个平面填完后，可以将小块方铁置于其上，有助于巩固平整的状态。

（二）圈纹的制作

卷圈纹时先往大里卷，卷几圈后用左手食指尖按压圈纹的顶面，快速转动工具将卷圈收拢并按照所需要的尺寸调节大小。这样卷出的圈造型浑圆且平整。

（三）部件之间需紧密

花丝填入后，部件与部件之间需要非常紧密，这样可以避免焊接过程中部件受热回缩，导致间隙的产生，从而产生焊接不牢固或部件脱落的情况发生。

（四）助焊的硼砂需加热

花丝焊接所用的硼砂需要加水热熔，使其呈薄糊状，附在花丝面上具有一定的黏性，可以将焊粉黏附在上面，当焊枪的火头扫过时，焊粉不至于飞离。硼砂不易抹得过于浓厚，若加热后硼砂起泡导致花丝面不平整，可以将焊接镊子反过来，用平阔处轻轻按压花丝面，使其归位。

（五）焊接

花丝铜鼓片的焊接分为两次，第一次是外轮廓的焊接，焊药用焊片。第二次是各个部件填完后，整体焊接，用焊粉。焊接要点是用温和的火，使其均匀受热，避免在某一处长时间停留，以致温度过高丝烧熔。撒焊粉的这面焊药融化后，还需要将其翻转过来，再次加热使焊药流动到背面，以使铜鼓面的焊接更为结实。焊接的时候可以用长柄镊子的尾部轻压铜鼓面，使其平整。

撒焊粉时，下面可以垫一张纸，当多余的焊粉从花丝面空隙处漏下，可以用毛笔清扫落在纸上的焊粉将它们归回焊粉包。

（六）清洗

明矾加水煮至完全融化，将花丝片放进去煮洗，待氧化物完全去除，花丝片呈白色后取出，放入流水下进行彻底的清洗。如果清洁不干净，一段时间后，花丝局部会出现浅绿色，为残留的明矾结晶物。如果清洗出来的花丝片出现粉红色，说明煮洗容器里有紫铜元素，花丝面上的粉色为铜上色，需要清洗容器，换明矾重新煮洗。

（七）抛光

花丝首饰由于采用纯度高的贵金属制作，材质相对柔软，花丝制品往往还带有镂空或者空隙，因此与普通的首饰抛光有极大的区别。小件通常用玛瑙刀对其边缘等部位进行抛光即可，用抛光机的话可以用小型滚筒抛光机，而且得谨慎使用，以免抛光过程中

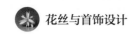

造成对花丝首饰表面及结构的损伤。其他还可以用打磨机，将转速调低，辅助橡胶轮对轮廓边缘进行抛光，铜丝刷轻刷花丝表面进行清洁、抛光等。

<h1 style="text-align:center">第三节　立体首饰的制作</h1>

一、课程简介

在掌握了平面花丝的制作要领，了解焊接、清洗和抛光等流程之后，通过制作一个简单造型的立体花丝首饰，让同学们领会花丝制品立体成型的基本原理。体验素丝和花丝在填制时呈现的质感差异，体验花型密填和镂空在视觉上的对比差异，体验多层花丝的焊接处理。通过此项练习，掌握焊粉和焊片的灵活运用，逐步加深对花丝制品的了解和对成型的理解。

花丝物品的立体成型主要有两种方法，第一种首先按照轮廓先做成平面的花丝片，接着通过某些工具，如窝砧座、胶锤、胶垫和胶錾等将花丝片用"垒"的技法，通过"垒"把一层层花丝纹样焊接起来，呈现多层浅立体的效果；塑造成半立体或浅立体的形态，然后将不同的花丝部件焊接起来。首饰通常用以上方法完成立体造型。第二种方法就是运用花丝技法中的"堆"，也就是"堆灰"的手法制作胎型，在胎型表面粘上掐制好的花丝及纹样，之后焊接，将胎型烧成灰烬，只剩下镂空的花丝空胎。这种方法通常用于制作动物的躯干或者器皿。本节练习的立体造型属于第一种。

（一）课程内容及教学目标

根据指导，制作一个造型规则、对称，带有两层花瓣，每层八片的立体花丝花朵首饰。要求第一层花瓣为素丝和花丝间隔填入，采用密填的手法，体会素丝和花丝密填的差异。第二层花瓣的花型自行设计，要求具有一定镂空的形态，设计两种花型以间隔的方式填入。在实践过程中，进一步熟悉花丝制品的制作流程，熟悉掐、填、焊接等技法，了解普通花丝物件立体成型的原理，对密填及镂空的花丝片焊接产生清晰的感性认识。

（二）课程准备

1.纯银丝

0.7毫米圆素丝，0.4毫米圆素丝、两根0.3毫米圆素丝搓制成的花丝若干。花丝、圆素丝需要通过压片机压到横截面宽度为0.8毫米，其中0.7毫米圆素丝压的是轮廓丝，0.4

毫米圆素丝和花丝压的是内填丝。其他材料按照个人设计的首饰形制进行准备。

2.花瓣工具的制作

准备1根10厘米长，横截面为20毫米的圆柱形粗木棒。再准备一粗一细两根木质短棒，长度可以为2厘米，直径8毫米、6毫米；另外1根0.8毫米的绣花针。

制作花瓣的工具（图2-3-1）：先制作底层花瓣的工具，按照花朵的半径距离，将绣花针用锤子以垂直的角度打入木棒，在与之相对的位置，用502胶水粘接一根2厘米长，直径为8毫米的短圆棒。待其牢固后，此工具制作完毕。注意木棒黏合面需要平整，有助于黏合牢固。第一层花瓣的轮廓

图2-3-1 花瓣制作工具

边框完成后，将直径为8毫米的短圆棒用手掰下，在与绣花针合适的距离，用502胶水粘接一根2厘米长，直径为6毫米的短圆棒，准备制作第二层花瓣的轮廓外框。

二、实践步骤

（1）在针处拗一个V形，用于卡住外轮廓素丝的头部，然后沿着工具绕花瓣（图2-3-2）。

（2）绕出形态均匀的8个花瓣后，用平口钳修整花瓣的边缘，使其平整并对和（图2-3-3）。

图2-3-2 绕花瓣

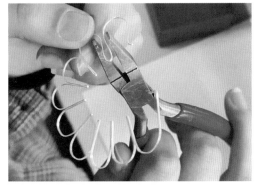

图2-3-3 修整花瓣边缘

（3）将花瓣与花瓣的对接处焊接，并用焊片将花瓣的末端焊接起来（图2-3-4）。

（4）焊接过程中花瓣可能变形，可以用锥状、横截面为圆形的笔或其他工具在花瓣内来回转动，调整花瓣的轮廓外形（图2-3-5）。

（5）调整后花瓣轮廓需要在外观上呈现高度一致，结构对称且规则（图2-3-6）。

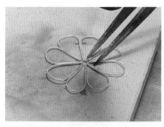

图2-3-4　焊接花瓣　　　　　　　图2-3-5　调形　　　　　　　　图2-3-6　调整后的外观

（6）使用美纹纸胶带辅助填花丝，将美纹纸贴于花瓣框架背部，再修整其边缘（图2-3-7）。

（7）用镊子间隔地密填花丝及素丝，体会两者在掐、填时手感上的差异，注意空档处尽可能留均匀。可以通过用镊子夹着花丝片对着光来查看密合度，缝隙越少越紧实（图2-3-8）。

（8）将第一层花瓣全部填完。用温和的小火加热，直至底部的美纹纸黏性丧失，自然脱落（图2-3-9）。

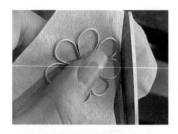

图2-3-7　美纹纸辅助填花丝　　　　图2-3-8　填丝及素丝　　　　　图2-3-9　去除美纹纸

（9）用棉棒蘸取硼砂水均匀涂于花丝面，若花丝填得非常紧实，可以用镊子夹起整个片在硼砂水中浸一下。然后均匀撒焊粉并焊接（图2-3-10）。

（10）待焊粉全部熔化，此时如果花丝面上还有白的地方，为缺少焊药处，需补焊粉，直到整个花丝面因焊药烧熔变至灰黑色（图2-3-11）。

（11）用明矾水煮洗，去除花丝表面上的所有氧化物（图2-3-12）。

图2-3-10　撒焊粉并焊接　　　　　图2-3-11　补焊粉　　　　　　　图2-3-12　清洗

（12）如果花瓣中心的孔洞比较大，可以制作一个圆片，焊接在中心部位，把孔堵住，提高美观性（图2-3-13）。

（13）用制作花瓣的工具绕出第二层花瓣，每个单元的大小一致（图2-3-14）。

（14）用平口钳整理花瓣并对合。将花瓣与花瓣的对接处焊接，并用焊片将花瓣的末端焊接起来。整理每一个花瓣，使大小一致，结构对称而规则（图2-3-15）。

图2-3-13　制作圆片

图2-3-14　绕第二层花瓣

图2-3-15　整理花瓣并对合

（15）自行设计第二层花瓣的花型（图2-3-16）。

（16）用镊子掐好造型，并逐个填入花瓣（图2-3-17）。

（17）两种镂空花型间隔填入，直至第二层花瓣填完（图2-3-18）。

图2-3-16　设计第二层花瓣的花型

图2-3-17　填花瓣

图2-3-18　填充完成

（18）将煮过的硼砂水均匀涂抹在第二层花瓣片上，撒焊粉进行焊接（图2-3-19）。

（19）在明矾水中煮洗，后用流水清洗并晾干（图2-3-20）。

图2-3-19　焊接

图2-3-20　清洗并晾干

第二层花瓣自行设计具有镂空形态的花型，目的是在学习传统纹样之前，让同学们进行花丝图形设计的初探，产生疑问，同时发挥想象力。在这个环节，往往会显现出极大的潜力，时常结合第1个实训练习或本次练习中的第一层花瓣，将拱丝、卷纹、平填螺旋纹灵活地运用进来，再加上自己的想象进行镂空填制（图2-3-21）。

图2-3-21 第二层花瓣自行设计案例

花蕊（松丝）的制作：

（20）将直径0.4毫米的圆素丝退火，以直径1.5毫米左右的圆丝为衬，通过搓丝或缠绕的方式制成祥丝（图2-3-22）。

（21）将衬丝取出，退火（图2-3-23）。

（22）顺着直径1.5毫米左右的圆丝再次缠绕（图2-3-24）。

图2-3-22　制成祥丝

图2-3-23　退火

图2-3-24　再次缠绕

（23）选取合适的位置剪开，取一个圆形，调整首尾，使其对合（图2-3-25）。

（24）用一段银丝熔成一个直径约2毫米的圆球（图2-3-26）。

（25）用温和的火，将两者焊接到一起（图2-3-27）。

图2-3-25　对合

图2-3-26　制作圆球

图2-3-27　焊接

组合花朵：

（26）将第一层大花瓣和第二层花瓣放在窝砧或其他具有碗状特征的工具上，用胶锤轻轻地敲出合适的弧度（图2-3-28）。

（27）将两层花瓣中心点对上，用焊片焊接起来。火枪主要从底部和两侧加热（图2-3-29）（如果花瓣中心的空隙过大，可以加一根粗银丝辅助焊接）。

（28）将花蕊与花瓣焊接（图2-3-30）。

图2-3-28　敲成合适弧度

图2-3-29　焊接

图2-3-30　花蕊与花瓣焊接

（29）焊接吊环、戒圈或者其他部件，使花丝花朵成为首饰（图2-3-31）。

（30）在明矾水中煮洗。去除氧化物后在流水下清洗，洗去所有明矾残渍后，晾干或吹风机吹干（图2-3-32）。

（31）用玛瑙刀对花瓣的轮廓外缘及需要呈现光亮的部分进行抛光（图2-3-33）。

图2-3-31　焊接其他部位

图2-3-32 煮洗

图2-3-33 抛光

（32）最后完成效果如图2-3-34所示。

图2-3-34 完成

花丝花朵练习成品展示（图2-3-35~图2-3-40）。

图2-3-35 姜雨佳作品

图2-3-36　姚金瑾作品

图2-3-37　吴思琦作品

图2-3-38　汤思群作品

图2-3-39　顾唐子晗作品

图2-3-40　沈思媛作品

三、知识点

（一）花瓣轮廓的制作

花瓣制作出来后，需要用平口钳整理轮廓丝，在呈现水平直线的情况下，将相近的两瓣逐一对合，过程中切勿急躁，否则对合的花瓣轮廓的侧面容易有高差。另外规律的花瓣是花丝首饰时常出现的造型，可以在此次实训练习制作的花瓣轮廓工具的基础上举一反三，通过不同数量、粗细的绣花针及小圆棒的设置制作出类似的工具，完成心型、三拱形等花瓣外轮廓的塑造。

（二）粘活纸的使用

花丝首饰在平填阶段时，各个元素需要非常紧密，可以用粘活纸辅助填丝。在花丝花朵这个实训练习中，第一层的花瓣用密填螺旋纹纹样，每瓣中一根丝掐到底，为了帮助丝稳固地与轮廓边缘贴合，适合采用美纹纸作粘活纸。使用时贴在花瓣轮廓的底部，并沿着轮廓将多余的部分剪除，这样填丝时可以将花丝稳固地附着在底面上而不会粘着手指，妨碍操作。第二层花瓣由于镂空，每个花瓣中会出现多根扁素丝或花丝，可以先在硫酸纸上画稿，比对着掐丝，再用生宣纸或卷烟纸置于外框之下做粘活纸，将一个个元素通过白胶粘在相应的位置，填完后抹硼砂水，将宣纸或卷烟纸加热去除或烧化，留下银丝用焊粉焊接起来。粘活纸可以很好地辅助花丝物品在平填阶段的操作，但不管使用何种纸作为粘活纸，都要注意每个花丝元素的关系需要非常紧密，否则当脱离粘活纸后会难以焊接，产生元素脱落、结构松散的情况。

（三）焊接

在花丝花朵的制作过程中，焊接是非常重要的一环。花瓣轮廓焊接用的焊药为焊片，需要放在轮廓边与边衔接的中间位置，让它随着温度的升高上下流动。第一层花瓣由于密填几乎无缝隙，可以当成片来加热焊接处理。对待第二层镂空花瓣，火力需要很柔和，且不可停留在某处，否则很可能将会导致花丝快速熔化。两层花瓣合起来的焊接过程中，火枪得在花丝花朵的下方及侧方加温，也就是第一层花瓣的底部和两层花瓣的侧面，偶尔在花朵顶部，使两层花瓣在同一时间达到相同的温度，焊药融化，两者合在一起。通过这个练习，花丝焊接的能力往往会极大地提高。

第四节　花丝纹样的练习

一、课程简介

花丝工艺以作品呈现的花样丝和纹样的细致精巧为美。在通过制作简单的平面和立体花丝首饰，了解了平填技法，基本掌握了花丝制作的工艺流程的备丝、掐、填、焊接、清洗、抛光等要点后，本节将着重对花丝纹样进行练习。立体花丝花朵第二层花瓣自行设计并制作是对花丝图形设计的初探，本次练习将有助于理解花丝的传统纹样之美，了解不同纹样的成型方法，加深对花丝图形设计的认识。有利于花丝首饰创作中对花样丝和纹样的选择、搭配，以及花型设计。

（一）课程内容及教学目标

课程中展示传统的花丝纹样，帮助了解典型纹样的成型。要求根据所提供的花片图纸，选择性进行临摹制作，完成的花丝片造型规则、表面平整，元素之间紧实，焊接到位，视觉上工整美观。通过这项实训练习体会传统花丝纹样之美，加深对花丝工艺的理解。

（二）课程准备

纯银丝：0.7毫米圆素丝，0.4毫米圆素丝、两根0.3毫米圆素丝搓制成的花丝若干。花丝、圆素丝需要通过压片机压到横截面宽度为0.8毫米，其中0.7毫米圆素丝压的是轮廓丝，0.4毫米圆素丝和花丝压的是内填丝。所有的丝尽可能达到宽度一致，有助于制作的铜鼓面表面平整。

二、案例实践——枣花纹的制作

（1）用制板制子按照一定的长度一节一节地折花丝（图2-4-1）。

（2）按三节为一个单位剪下（图2-4-2）。

（3）逐个整理成正三角形（图2-4-3）。

图2-4-1 折扁花丝　　　　　　图2-4-2 剪花丝　　　　　　图2-4-3 整理成正三角形

（4）将三角形掐成曲边三角形的造型（图2-4-4）。

（5）在粘活纸上，将三角形以六个为一组进行拼接，形成枣花纹样（图2-4-5）。

（6）全部拼好所需要的图案（图2-4-6）。

  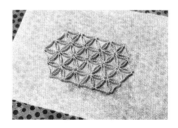

图2-4-4 掐型　　　　　　图2-4-5 拼接成枣花纹样　　　　　　图2-4-6 拼接完成

（7）在花丝面上蘸硼砂水（图2-4-7）。

（8）均匀撒焊粉（图2-4-8）。

（9）用柔和的火熔化粘活纸（图2-4-9）。

（10）焊接，直至各单元牢固相连（图2-4-10）。

（11）在硼砂水中煮洗花丝片，并再次检查（图2-4-11）。

（12）按照一样的长度剪银丝，并烧成珠粒（图2-4-12）。

图2-4-7　蘸硼砂水

图2-4-8　撒焊粉

图2-4-9　熔粘活纸

图2-4-10　焊接

图2-4-11　煮洗

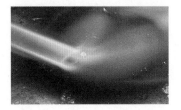
图2-4-12　剪银丝并烧成珠粒

（13）根据枣花纹中心点的数量，准备与之匹配的珠粒（图2-4-13）。

（14）在枣花纹中心点涂抹硼砂水（图2-4-14）。

（15）一颗颗放置珠粒（图2-4-15）。

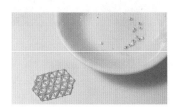
图2-4-13　准备珠粒

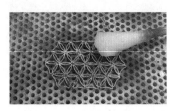
图2-4-14　涂抹硼砂水

图2-4-15　放置珠粒

（16）利用之前散的焊粉将珠粒焊接在各个中心部位，若不够，再补，直到焊接结实（图2-4-16）。

（17）将花片放在明矾水中煮洗（图2-4-17）。

（18）待流水洗净晾干后，用玛瑙刀进行抛光（图2-4-18）。

图2-4-16　焊接

图2-4-17　煮洗

图2-4-18　抛光完毕

花丝纹样练习成品展示（图2-4-19~图2-4-23）。

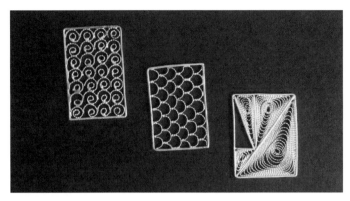

图2-4-19　田灿作品

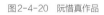

图2-4-20　阮惜真作品

图2-4-21　孙蓓贝作品

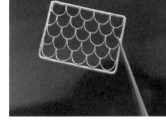

图2-4-22　顾唐子晗作品

图2-4-23　林昕玥作品

　　部分同学完成了花丝纹样的练习后，将所学到的纹样制作成了首饰（图2-4-24、图2-4-25）。

图2-4-24　王海鑫作品

图2-4-25　顾唐子晗作品

　　传统的花丝纹样，是悠久的历史长河中积累出的宝贵财富。如何在立足于传统文化内涵的基础上，汲取灵感，加以合理的运用，结合现当代首饰的简约与抽象风格，用当代化的语言进行诠释，赋予这些古老的花丝纹样以新的生命力，是花丝首饰设计需要解决的问题。另外在易于拓展的前提下，自行设计、研发花丝纹样，也是为传统的花丝工艺添光加彩。

思考题：

1.常用的花样丝与纹样有哪些？

2.花丝工艺的主要技法包括哪些？主要流程是什么？

3.如何备丝，可以帮助花丝面平整？

4.焊接轮廓（边框）用什么焊药？焊接花丝面用什么焊药？

5.用于辅助焊接花丝的硼砂需要具备什么特点？

6.花丝物品的立体成型主要有哪几种方法？

7.如何清洗花丝物品？

实践训练：

1.平面花丝首饰的制作实践。

2.立体花丝首饰的制作实践。

3.选取1~2种花丝纹样进行练习。

第三章　花丝与首饰设计概述

课程内容：首饰设计

当代首饰设计

当代花丝首饰设计分类

课程性质：理论与赏析

课时安排：2课时 | 1课时

本章重点：花丝与首饰设计的融合

学习目的：引导学生用首饰设计的基本要素、形式美法则看待花丝首饰设计；从观念与理念、造型与纹样、材料与工艺几个方面思考花丝首饰设计如何契合当代人的生活、审美需求。

教学方法：讲授法、案例分析法

　　"设计"一词由英文design翻译而来，design可以作名词，也可以作动词。作为名词，它意味着"布置；布局；安排（arrangement）""图样；方案；模型（drawing/plan/model）""图案；花纹（pattern）""意图；目的（intention）"等。作为动词，"设计"有着"制图；构思（draw plans）""计划；筹划；制订（plan something）""特定目的制造（for special purpose）"的意思❶。中文"设计"一词被广泛认知是在20世纪末，但它的含义，在古代中国的文献中早已有了相对应的词义。《周礼·考工记》即有："设色之工，画、缋、锺、筐、慌。"这里的"设"字，与拉丁语"disegnare"的词义"制图、计划"完全一致。《管子·权修》中"一年之计，莫如树谷，十年之计，莫如树木，终身之计，莫如树人"。此"计"字与"Design"的"plan something"一致。由此看来，历史上诸多名作透露出的创作者的精心"计划"和"安排"，显示出与"设计"相称的行为由来已久，甚至身居高位的皇帝也会参与这一过程。雍正年间《清宫内务府造办处档案汇编》中就记录了历任皇帝对于造办处所造之物的艺术形式创作的直接参与情况。以雍正帝的"雍正御笔之宝"玺印为例，为得到满意的印文"设计"，雍正命翰林张照、技艺人滕继祖、南匠袁景劭和刻字人张魁分别设计一稿，呈览后予以点评。四人得旨后又设计了两至三张样稿呈览，最后雍正取四人设计的优点集于一体，共同呈现在印章上。可以看出古人对于所造之物的艺术形式创作的重视，也可以看出"设计"一词虽然出现得晚，但其实与之相对应的行为在中国由来已久。

　　历史上中国的花丝有着辉煌的成就，不乏惊人之作，不管是万历皇帝的金翼善冠，益庄明墓出土的立凤金簪，清代皇后的金累丝嵌珍珠宝石五凤钿（图3-0-1），还是那些现存于外国博物馆的宝物（图3-0-2），无一不显露着工艺师的精心安排和设计，以及高超的技

图3-0-1　清，金累丝嵌珍珠宝石五凤钿，故宫博物院

图3-0-2　清，金花丝头饰，黄金，大英博物馆

❶ 来自牛津词典。

艺。然而花丝工艺从萌芽到唐朝的兴荣，到明清的鼎盛，是从民间到宫廷，为皇家和王孙贵族、富豪垄断的过程。作为宫廷艺术，从清代末年转向民间，受众再从上层阶级转到普罗大众，搭配的服饰从汉服、满服、旗袍、大褂到了西装、体恤和牛仔裤，在百年里俨然经历了巨变，千年的沉淀从传统到为当代人接受，设计的转变是一条艰难的道路。

第一节　首饰设计

花丝的"花"指的是在形式上具有美观、多样、丰富等视觉美学特征，具体表现在花样丝和纹样上。"丝"是对其所用材料的物理状态的描述，具有纤细、细致等形态特征。以花丝工艺制作的物品往往具有柔和、精致的特点，用的丝多数非常纤细，无论转折还是边角，无论形成纹样还是图案，都给以人柔美的感受。在工艺上，它还有一个极大的优势，就是可以通过镂空的花型处理让首饰具有轻巧的特质，减少材料的使用。深切的理解花丝的含义以及工艺特点，有助于进行以花丝为主要工艺的首饰设计。

一、首饰造型的基本元素

采金银为丝，以金银代笔，让花丝与书法、中国传统绘画的白描有着异曲同工之妙，后两者属于线条的艺术，而花丝从本质上是一门关于线条的传统工艺。素丝、花丝、麻花丝、凤眼丝、巩丝、麦穗丝、螺丝、祥丝、竹节丝、码丝、套泡丝等，均是以1根或多根细丝按一定方法搓拧，或用特殊工具盘绕，或推压制成的丝的形制。素丝和花丝又可以制成平填螺旋纹、云纹、小6纹、枣花纹、卷草纹、套古钱纹等，纷繁复杂的纹样均可归结为几何线条元素的运用。而在花丝物品中，线条元素又构成了首饰造型的基本元素——点、线、面、体。

（一）点

点是设计中最基本、最简洁的形。它在首饰设计中可以是视觉中心点，也可以是形体中的装饰点，往往和线、面、体的构成相结合，共同产生效果。花丝首饰中的点通常是形体中的装饰点，往往用同样长短的丝烧融，进行均匀的分布（图3-1-1）。当点不

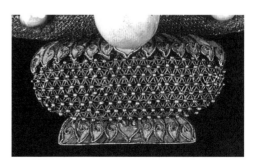

图3-1-1　清，银镀金嵌珠宝花盆式簪局部

做均衡处理的时候，可以通过组合的方式呈现，如李桑的作品（图3-1-2），在花丝戒指右下侧设置了一撮高低不一的点，以增加细节性与反差。颜如玉的作品《简单的满足》2（图3-1-3），用花丝进行编织结构的探讨，在作品中心向外延伸的结构里用从密到疏的方式设置了用丝烧融的银珠，增加作品丰富性的同时，让线和点产生鲜明对比，又相得益彰，共同构建了作品的视觉效果。

图3-1-2　李桑，《观·溯》戒指2，纯银、925银、碧玺、沙弗莱、葡萄石

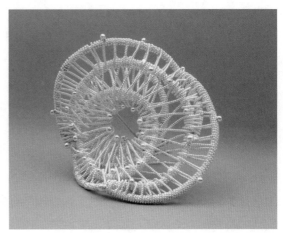
图3-1-3　颜如玉，《简单的满足》2，纯银

（二）线

线有长有短、有曲有直、有宽有窄，可以形成水平、垂直、对角等形态。借助线的不同表现方式，可以来体现优美的旋律、硬朗的几何形，也可以用它来表达缓慢、急迫、狂乱等情绪。在首饰设计的实际应用中，通常有三种不同形式的线，第一种是穿插于形体，是相对于几何学意义上的线。这种线有粗细、有长短、有曲直，截面有方有圆，粗细有规则的，也有不规则的。第二种是决定首饰形体的骨架，是面与面之间的交界线或面的边缘线。第三种是密集成面的线，或成为装饰于面、体之上的装饰线，需要依附于平面或曲面。往往具有符号或肌理的意义，其空间占有形式随面的性质而定。

花丝中采用的线，通常是第二种和第三种，用丝制成既定形体的骨架或交界、分割线。内填花丝、素丝，形成纹样或密集成具有肌理感的装饰面。美国艺术家Mary Lee Hu通过作品（图3-1-4）展示了将第一种形式的线运用到编织首饰创作中的研究，

图3-1-4　Mary Lee Hu，手镯#62，黄金

她将编织部分处理成形态自由、凹凸起伏的面,将较粗一点的扁丝貌似随性的精心安排、穿插于形体中,构成具有动态的视觉效果。作品中线与面产生对比,扁丝的光泽和编织的点状肌理产生对比,表现出作者对以丝为材料的艺术创作的驾驭能力。由此看出,花丝首饰创作可以充分利用线丰富的语言,探索线作为形体在空间中架构的延伸与衍变的可能性。

(三)面

面在几何学上主要分平面、弧面、曲面和折面。平面可以有多种形状,曲面可以有规则曲面和自由曲面。有时通过不同的面叠加、穿插可以成为首饰形体,有时稍作挤压或弯折也可以成为一个形体。在首饰设计中,面的处理是一个重要的环节,与点、线一起决定着首饰的造型。

花丝通过编、织、掐、填、攒等技法,让丝进行排列以构成首饰面。其中编织较紧密容易构成实面(图3-1-5),掐、填花丝紧密也可以构成实面(图3-1-6),镂空时可以构成虚面(图3-1-7)。面造型是花丝首饰给人最为直观的视觉感受。花丝首饰设计可以充分利用其面的特性,尤其是掐丝、填丝、编织等形成的虚实关系和肌理,多层平面叠加的外观等方式增加面的表现力。

图3-1-5 昭仪翠屋,《编织席纹手包》吊坠局部

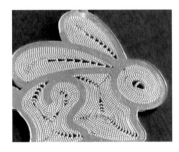

图3-1-6 吴秋燕,《月兔》吊坠局部

图3-1-7 李桑,《观·溯》胸针局部

(四)体

几何学中的体是面移动的轨迹,造型学中的体块是具有立体感、空间感、体量感的实体,体现出封闭性、重量感、稳重感与力度感。在利用体块进行首饰设计时,要充分利用体块的语言特性来表现作品的内涵。

花丝工艺通过垒、攒、焊接等来形成体积与空间感。垒通过形的堆叠,集聚成一定的体量(图3-1-8),攒可以改变面的平面状态从而营造空间性(图3-1-9)。当代的设计审美体现在花丝首饰设计中,可以通过将平面的花丝片进行体的塑造,让其在空间中呈现几何、抽象的立体效果,来达到设计当代化的目的,如朱鹏飞(图3-1-10)和李桑

（图3-1-11）的作品。利用体的塑造可能性，突破传统花丝首饰固化的造型，营造出更有表现力与加入主观意识性的首饰形态，将有利于花丝首饰设计的突破。

图3-1-8 白静宜，《皇室经典》项链局部，黄金

图3-1-9 昭仪翠屋，《烈马》吊坠，黄金、墨翠

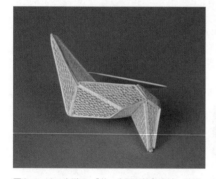

图3-1-10 朱鹏飞，《从一个面开始》胸针，纯银、925银

图3-1-11 李桑，《江南相思引》项链，纯银

二、首饰设计的形式美法则

审美从来不是一成不变的，也不是单一形式的，而是随着时代的转换而改变。在首饰设计中，除了研究点、线、面等造型基本元素以外，研究把这些首饰基本元素纳入造型的形式美法则也极为重要，有助于设计水平的提高，也有助于对历史优秀作品的理解及对未来设计的展望。形式美法则多样而灵活，主要有以下四点。

（一）统一与变化

统一和变化是首饰造型形式美的最基本要素。统一是考虑如何将所有的局部组成一个协调的整体。但只有统一而没有变化会显得平淡无趣，设计就会缺乏生命力。与之相对，只有变化而无统一则会混乱无序，所以好的设计要做到整体中有局部、统一中有变化，在视觉上形成有秩序而非杂乱无章的组合，在整体协调的同时又不消灭局部关系的丰富性。

花丝首饰由于是线的集合，形成变化是极为容易的事。变化运用得当会带来丰富的视觉效果，或恰当的对比关系，但是如果缺乏整体协调则会变得杂乱无章。如图3-1-12所示，清代的乌兜，上面洋洋洒洒盘曲的金属丝变化多端，缺少面的归纳和整体的协调，以至于显得极为凌乱。

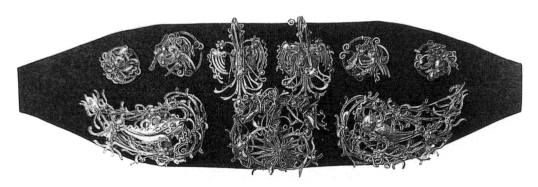

图3-1-12　清，乌兜

（二）对比与调和

对比是指把造型、面积、色彩反差比较大的两个或两个以上的元素配合在一起，产生一种鲜明、强烈的视觉冲击力。调和是因为对比太弱或太强而采用的加强或减弱的手法，在对立中寻求一种统一和谐的关系。对比可分为大小对比、形状对比、色彩对比、肌理对比、空间对比等。采用对比手法需要注意的是不能破坏整体感，各视觉要素要相互调和，为了作品重点相互烘托。如果处处都是对比，就如电影到处都是矛盾冲突，或整首曲子都是高音，反而没有了重点，对比也就没有了存在的意义。

花丝首饰设计可以利用材料进行肌理的对比，如图3-1-13所示，用素丝和花丝密填，形成的条状和点状的肌理及光泽带给人不同的视觉感受，可以进行造型的对比。此外，还可以通过填丝的疏密及纹样产生虚实对比（图3-1-14），增加视觉上的变化性，丰富首饰语言。

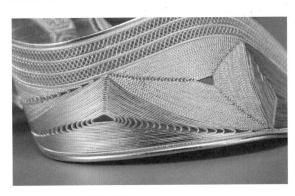

图3-1-13　李桑，《路》项链局部

图3-1-14　程金妹，吊坠，纯银、925银、拉长石

（三）对称与平衡

对称是指在中心轴的上下、左右或周围具有相同的面积、质与量的排列。大多数的礼堂、舞台、家具的设计是对称的，给人以庄重、均衡感。平衡是一种心理需要，它给人带来安全感、稳定性，失去平衡容易让人产生情绪的焦虑与恐慌。平衡的分类有好多种，有结构平衡，里面包括水平平衡、垂直平衡、放射平衡等。还有视觉平衡，当一些元素在上下、左右、放射关系中并不对称，通过调节大小、高低、前后、疏密等局部关系在视觉上产生一种平衡效果。如何达到平衡有赖于设计者的经验和实践，以及对视觉元素运用的训练，有时候可以在多种因素结合中得以完成。大多数情况下，视觉平衡是一种直觉或感觉，其中也有理性的计算分析，如黄金分割、对等比例等。设计者在运用各种设计元素时可采用多种手段达到平衡效果。

传统花丝首饰很多采用对称的结构，显得均衡、庄重，其中有绝对对称，也有在相对对称中寻求变化的作品，如图3-1-15所示，清代的银镀金点翠嵌珠宝花卉纹簪，首饰中间的点翠石榴和镶嵌玉石的花丝部分，一横一竖，面积相仿。首饰左右两侧刻画了不同的造型，一高一低，面积依然相仿。整个作品看上去视觉均衡，细看却发现极富巧思，在当时应该是一种大胆的实验。还有作品采用非对称结构，对平衡做了完美的诠释，如图3-1-16所示，北京海淀区巨山农场地区出土的金累丝镶宝荷蟹钗。钗头荷花处理成面，略向右上角外延；而下方螃蟹造型向左下角延伸，延伸的宽度比荷花大，视觉上呈现了平衡。整个钗子疏密有致，高度整体，金属和宝石的搭配相得益彰，是件佳作。由这两件作品可以看出一些形式美的法则存在已久。

图3-1-15　清，银镀金点翠嵌珠宝花卉纹簪

（四）节奏与韵律

节奏原指音乐中节拍的长短。在造型设计中，指基本元素点、线、面等给观者在视觉心理上造成的一种有规律的秩序感、运动感。在首饰造型中，可以是曲直、疏密、虚实、刚柔、浓淡的变化所带来的秩序感。韵律原指诗歌中抑扬顿挫产生的感觉，在造型设

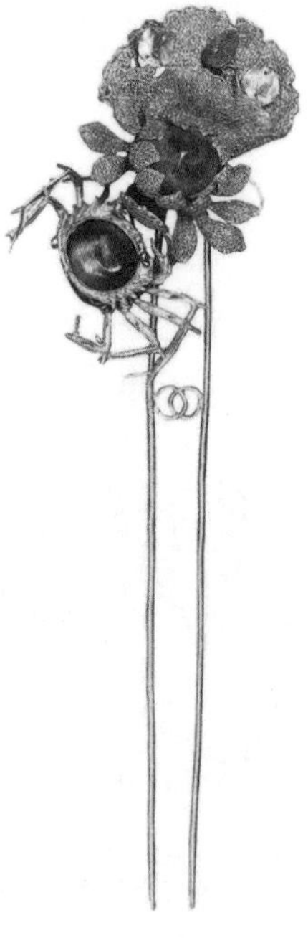

图3-1-16　清，金累丝镶宝荷蟹钗

计中，是指在各造型元素之间风格、样式等在统一的前提下存在一定变化，在某种程度下有一定反复性的存在。韵律是一种潜在的秩序，一种含蓄的美感。节奏中蕴含着韵律，韵律中体现着节奏，两者密不可分。如图3-1-17所示，李桑的作品《相遇》，将花丝片通过卷曲的方式来塑造形体，呈现线条流畅的造型，产生节奏与韵律感。如图3-1-18所示，朱莹雯的作品《镜中我》，运用平填的手法，通过每层向内的自然轮廓边，三层花丝片的透叠，以及不规则单元形内的花丝密填，呈现出舒缓的节奏与优美的韵律感。与之相对，澳大利亚艺术家Robert Baines的作品（图3-1-19）就给人以冲击，快节奏的感觉，作品运用视觉形态呈三角状的锯齿纹，采用多个几何单元进行集合，通过镂空透叠、色彩的对比形成矛盾，呈现强烈的节奏感。

图3-1-17　李桑，《相遇》系列胸针之一，纯银、925银、钢

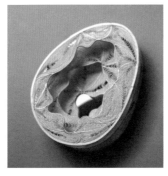

图3-1-18　朱莹雯，《镜中我》胸针，纯银

图3-1-19　Robert Baines，*Meaner than Yellow* 胸针，银、粉末涂层、电镀、油漆

　　一件成功的设计，往往可以体现出多种形式美法则，将各项要素安排得恰到好处，2014年APEC峰会国礼《繁花》就是非常好的典范（图3-1-20）。以花丝手包为例，外形为贝壳形，显得极为简洁。金丝半圆龙骨撑起轮廓，铺设传统的枣花纹为底纹，让手包大半部分呈现镂空的蕾丝效果，每朵枣花中心点缀边镶花丝的圆形金片，增加点的装饰性。手包底部为三朵抽象对称的月季花，抽象的造型符合了现代人的审美，对称又为手包增加了稳重的视觉感受。花瓣采用了密填手法，与上半部分镂空相对，在视觉上产生了虚实的对比。又由于密填部位单元形态狭长而富于变化，加上密填中等距离空隙，形成了疏密对比，产生了节奏与韵律感。整件作品视觉上高度整体，即和谐统一又对比强烈，虚实相映，疏密得当，富有韵律感，是花丝制品设计的精粹。

图3-1-20　《繁花》手包，银镀金

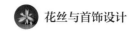

第二节　当代首饰设计

中国传统的花丝首饰作品往往风格写实，纹饰复杂华丽，与现今快速的生活节奏、简洁的服装穿着呈现相背离的状态。传统带来沉淀和积累，同时也给花丝首饰的创作和设计带来一些束缚，如何让曾经服务于皇家、贵族阶层的花丝为普罗大众更好的接受，如何在审美多元化的当代首饰设计中占据一席之地，重现曾经的光彩，是非常值得思考的问题。

一、观念与理念

"观念"一词源自古希腊的"永恒不变的真实存在"。它是在意识中反映，掌握外部现实和在意识中创造对象的形式化结果，同物质相对立，属于精神层面。观念是在一定的经济基础上形成的，人们对于世界和社会的系统看法和见解。

原始部落遗留下来的用各种石头、骨骼、贝壳等自然元素穿制而成的项链、吊坠、腰饰，多是因为自发的装饰需要，抑或是宗教仪式的需要，观念并未在它们的产生过程中有很大的影响。而随着生产力的发展、私有制的出现，黄金的开采，首饰由于材料的贵重性逐渐被用于体现财富与身份。此时观念在首饰设计制作的过程中起到了很大作用，反映首饰材料属性的同时又加上了主观化的色彩，导致了是否贵重成为衡量首饰价值尺度的首要标准。这种标准维持了几千年的时间，即便到了距离我们一个世纪的新艺术首饰和装饰艺术首饰时期，依然延续了之前以"装饰"为主要设计手法，以富裕的上层阶级为主要服务对象的状态。直至现代艺术思潮的涌现，首饰设计观念在20世纪60年代发生了翻天覆地的变化。在"反传统"和"非标准化"的哲学思想引导下，加入了个性，不断创新、超前，对各种观念进行试验，"表现"超越了"再现"，开始主张兼容并包的美学思想，关注生存环境、生存状态，注重首饰对生活本质的表达。

在强调当代艺术的核心精神——反叛性与反思性的当代首饰所处的环境中，首饰成为艺术与人交流的重要媒介，观念转化成个人的理念，产生了特定的含义，首饰与人之间产生共鸣并建立了桥梁。在人们强调个性的氛围中，作为首饰制作传统工艺的花丝若只停留在装饰的层面，表现传统的吉祥文化，体现"有图必有意，有意必吉祥"的求吉纳福思想，那么显然在强调个性的时代环境中难以满足多元化、追求新奇的精神需求。从而缺少竞争力，不利于长足的发展。

近年一些艺术家和设计师纷纷将个人的观念注入设计创作中，如陈怡的作品《三生》（图3-2-1），应用了中国思想家老子的"道生一，一生二，二生三，三生万物"的传统哲学思想。用作品诠释了从少到多、从简单到复杂的过程，来演绎"道"生万物的观念。作品将现代设计语言、现代技术与传统工艺相融，造就了极具视觉冲击力的效果。

　　郭新作为中国当代首饰艺术的先锋人物，曾多次使用花丝工艺进行当代首饰的创作。作品《蜕变》系列（图3-2-2、图3-2-3），用银花丝制成的羽翼来代表天使的翅膀，作品中的软陶、玻璃造型用来抽象地体现"虫"在蜕变中扭曲、挣扎的状态，隐喻人如虫在蜕变，经历痛苦蠕动的黑暗时期。通过闪耀着光辉的花丝翅膀的包裹、缠绕展现争战与挣扎之痛，在断、舍、离、合之间形成"蜕变"。作品用最精简的语言把思想、观念和情感进行了抒发和表现。

图3-2-1　陈怡，《三生》胸针，银镀金

图3-2-2　郭新，《蜕变》系列#6，纯银、玻璃　　　　图3-2-3　郭新，《蜕变》系列#8，纯银、软陶

二、造型与纹样

花丝工艺作为一门历史悠久的传统手工艺，在古代随着朝代交替变更不断地发展变化，不管是唐代西安何家村窖藏出土的金梳背，还是明代万历皇帝金翼善冠，清代皇后妃及民间的花丝首饰，无一不显露出工艺者的独具匠心和安排，以及高超的技艺。他们对花丝首饰的造型及纹样的设计有着自己独到的感触和体会，设计出来的作品能很好地与自己那个时代的审美相结合，在这样的环境下才让花丝工艺在明清时期达到鼎盛。但是这些造型、纹样的组合或应用（图3-2-4）在以农业文明为依托的封建礼制社会，很多时候是权力与财富的象征，代表的是身份。呈现的审美倾向与现代人不相符，难以与老百姓的日常匹配，简单地把它们挪用到当下的首饰设计中，为普罗大众服务，显然不合适。

图3-2-4　清，金镶四龙戏珠镯，故宫博物院

造型是当代人与首饰沟通的重要语言表现形式，当代首饰不再单单追求写实与吉祥寓意，可以为有机的、自然的，也可以为概念的、抽象的，朝更多元的方向不断发展。总体为了符合人们的审美，与服装匹配，在造型上相比起传统首饰呈现出做"减法"的状态，很多与繁复别。然而简约不同于简单，不是量的减少，而是用较少的语言表现完整的内容，用恰当的形表现事物的本质，是一种高度概括、提炼的过程。有些设计师喜欢从大自然中吸取设计的灵感，抽取部分自然形态进行创作；有些设计师则将自然形筛选、简化或抽象化处理后应用在设计中。如曹松涛的《蝉语》戒指（图3-2-5），将蝉的造型进行了几何化的处理，概括为精简的几个面，赋予当代的气息，然后通过纹样蔓丝的介入，为作品植入了优雅、浪漫的气质。还有设计师大胆尝试，将单纯的花样丝作为纹理处理，赋予简约的几何造型，如连晓萌的作品《立》（图3-2-6），线条硬朗，给予人很强的视觉冲击力，打破了传统花丝给予人的柔美印象。

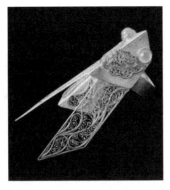

图3-2-5 曹松涛，《蝉语》戒指，22K　　图3-2-6 连晓萌，《立》胸针，纯银、925银、钢针
黄金、无色玻璃种翡翠

在设计中合理地运用传统花样丝、纹样，创造新纹样，并给予恰当的造型，也有助于当代花丝首饰设计的突破。如图3-2-7所示的澳洲艺术家Robert Baines的作品，就是合理运用传统花样丝的经典案例，作品通过将单元形大小不一的犬牙丝组合成不同的形态，辅以特别的色彩，再通过面积、节奏、虚实等的把控，让整体效果不杂乱，在丰富之余，还有比较多的想象空间。显示了艺术家对花丝工艺高超掌握和灵活运用的能力，作品风格独树一帜。

Robert Baines的作品给了我们一个视角，设计造型与花样丝、纹样的变化之间，是此消彼长的关系，当作品以造型的变化为主，我们可以恰当的减少花样丝、纹样品种的运用；当作品以花样丝、纹样变化为主的时候，造型的变化应予以减弱。这种"此消彼长"的关系也适用于其他首饰或设计门类中。

图3-2-7 Robert Baines，*Hey True Blue*胸针，银、粉末、油漆

三、材料与工艺

首饰设计从现代开始就已经不拘泥于传统材料，很多艺术家和设计师进行了创作研究，体现在非传统材料的运用、新材料的开发和综合材料的应用上。花丝首饰设计若只将材料停留于贵金属、宝石、翠鸟羽毛，显然无法满足大众多元化的审美需求，跟不上时代发展的步伐。近些年，花丝工艺与不同材料组合设计的首饰作品渐渐出现，其视觉特点鲜明，即保留了花丝工艺的特质又融合了其他材料的特点，如木质（图3-2-8）、纤维、亚克力等（图3-2-9），让材质之间相互碰撞，产生新的视觉效果，带给人新鲜

的感受。

图3-2-8　李桑，《心丝》吊坠HKP-09，纯银、　　图3-2-9　王晨璐，《灵》项圈、耳钉，银镀金、淡水珍珠、亚克力
925银配件、紫檀

　　中国传统的花丝首饰制作工艺复杂、步骤繁多，一件产品的诞生时常要耗费大量的时间，在与现代工艺的市场竞争中，成本高、产量小、价格贵的特点让它无法得到社会的普遍认可与消费。在当下工业、科技发展带来的技术革新的背景下，花丝的部分工艺流程可以用现代化的机器完成：例如全自动的熔炉可以替代传统的手工加热铸造金属条；用机器拉丝代替手工拉丝，比传统技艺制出来的丝密度均匀、丝线更长；用吊机、手摇机等代替手工搓丝，省时省力。

　　科技也带来了设计的可能性，合理的利用激光切割、3D 建模打印、浇铸等工艺，将更有助于当代花丝首饰的成型。传统的花丝首饰使用的是细如毫发的贵金属丝，往往直径在0.3毫米以下。目前3D 建模打印难以成就那么细的丝，适度调整粗度后制作出的物品虽然在表面上带有花丝的物理特征，但现代化机械生产呈现出来的精准与秩序体现不出传统花丝工艺手工的质感与灵活，因此可以用3D 建模、喷蜡、雕蜡铸造、激光切割等制作首饰的轮廓结构，再结合传统的手工掐丝、填丝、焊接等完成作品。即可以增加首饰造型结构的变化，带来硬度的提高，让首饰不易变形，同时还保留了花丝工艺的精髓。近年，不少人进行了这方面的尝试，何彦欣的作品《满与空》(图 3-2-10)，外轮廓运用雕蜡再铸造的方式让轮廓结构富于变化，内部选择局部填花丝，结合了中国画留白的艺术处理手法，让作品显得简洁明了。尹航的作品《花火》(图 3-2-11)，通过电脑3D 建模、喷蜡后再铸造的方式制作花丝外框，再以传统的花丝内填，镶嵌刻面宝石，给传统花丝披上现代的外衣。

　　时代在发展，花丝工艺也需要与时俱进。对新技术、机器设备予以合理的利用，将有助于提高生产效率，降低成本，有利于设计、制作出符合当代大众审美和生活节奏的花丝首饰作品。

图3-2-10　何彦欣，《满与空》胸针，银、红宝石　　　图3-2-11　尹航，《花火》胸针，银镀金、紫水晶

第三节　当代花丝首饰设计分类

一、商业产品的设计

作为曾经的皇家工艺，花丝是"高大上"的代名词，本着为大众服务的精神，可以使花丝首饰的设计之路走得更远。如何为当下的民众接受，如何满足多元化的需求，让花丝工艺不再只呈现宫廷艺术的高端感，在保留传统工艺精华与文化精神的同时汲取当代首饰设计理念，创造出亲民实用且更易体现普世化的设计理念的首饰作品，让高端和平民化的首饰共同发展，是首饰设计师要致力于解决的问题。

国家的保护，企业的着力追求，让近年花丝首饰的作品在市场上频频出现，体现出对这一工艺的重视，在民众心理播撒下种子的同时，展现了花丝工艺的美好。市面上的商业花丝首饰，有的重现皇家奢侈之风，面向高端客户收藏或馈赠，如品牌"琳朝珠宝""御选皇家古法金""宫廷古法金""言山"等。有的选取传统有益素材和自然为灵感进行简化设计，材料以银为主，多聚集在西南地区的品牌，如贵州的"月如银""太阳鼓"，成都的"姜央""道安"等。还有以都市年轻人为服务对象，为适合着装搭配需求创作的小体积、轻体量的商业饰品品牌。如"一丝""青茧GREEN COCOON""软山（Soft Mountains）"等。

（一）宫廷艺术的延续

"琳朝珠宝""御选皇家古法金""言山"等品牌作品在"仿古""复原"的基础上进行设计的探索，传达着富贵的气息，材质多为黄金，继续行走在为高端人群服务的路上。其中，"琳朝珠宝"品牌风格庄重、典雅、大气而又内敛。作品《春锦·繁生》手镯（图3-3-1）以双层花丝编织为网底，通过垒的方式造就层次，在花卉间巧妙填入生动灵活的蜻蜓、蝴蝶，镶嵌红蓝宝石、翡翠等以丰富色彩。手镯内部用蛇纹作为内撑，让手镯在结构上更为结实。作品造型丰满，具有宫廷首饰的外观特征，表现得又极为灵活。"琳朝珠宝"《惊梦·牡丹亭》坠饰（图3-3-2）在工艺上结合了錾刻、精雕、失蜡、镶嵌、炸珠，大胆地将吊坠在构图上一分为二，左半边用冰凌纹，右半边描绘了《牡丹亭》剧目中主角杜丽娘的半边脸造型，錾刻自然的线条痕迹和冰凌纹硬朗的几何线条相对，显现出强对比的状态，作品正面的视觉冲击力很强。花丝作为底部装饰，在吊坠的背面呈现柔美对称的图案，与作品的正面相得益彰，使得主次分明而又非常耐看，是京派花丝结合其他工艺的一次大胆尝试。

图3-3-1 "琳朝珠宝"品牌，《春锦·繁生》手镯　　　　图3-3-2 "琳朝珠宝"品牌，《惊梦·牡丹亭》坠饰

　　品牌"御选皇家古法金"的设计作品（图3-3-3）亦传达着富贵、皇家的味道，具有传统对称的造型与结构，近年推出了很多与珐琅工艺相结合的首饰，色彩较浓艳，与"琳朝珠宝"相比，平添了一些民俗的气息。类似的品牌还有"宫廷古法金"。

　　"言山"是扎根于重庆的花丝品牌，致力于非遗珠宝的创作。这个品牌主要将花丝工艺与点翠进行结合。在传统的基础上，注入了对生命的理解，通过造型，花样丝的选取将作品表现得活灵活现，给予生命的气息。如图3-3-4所示，左侧的《鱼》最初以国画工笔的感觉为切入点，后经过提取，采用花丝密填，运用锤揲塑形，让鱼显现出在水中

图3-3-3 "御选皇家古法金"品牌　　　　图3-3-4 "言山"品牌

游曳时活灵活现的状态。图右侧的牡丹花，灵感来源于蜀绣，用花丝密填模拟绣线的肌理，通过丝形表现出花瓣正常生长的脉络、转折和过渡，再通过形体的塑造，展现风自然吹开花瓣的样貌。两件作品均运用了点翠点睛，辅以珍珠，展现出了东方气韵之美。

（二）民族风情的深化和演绎

此类的品牌作品往往以民族传统素材为依托，加以自然为灵感进行简化设计，材料以银为主，多聚集在西南地区，如贵州的"月如银""太阳鼓"，成都的"姜央""道安"等，有着广泛的民众基础。其中"月如银"是苗族的地方品牌，致力于传播苗族非遗文化（图3-3-5），作品运用苗族的传统纹样及素材进行设计，例如蝴蝶妈妈、鸟、鱼、几何纹等，作品颜色素雅，风格拙朴，可以感受到明显的地域特征。

图3-3-5　"月如银"品牌

扎根于成都的"道安"，是以国家级非物质文化遗产代表性传承人道安老师的名字命名的品牌，作为成都银花丝的技艺传承人，近年来，一直不懈地做着传统花丝当代设计的探索（图3-3-6），作品游走在民俗、传统与现当代之间。

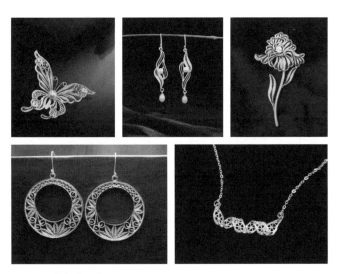

图3-3-6　"道安"品牌

（三）都市风尚的展现

此类品牌以都市年轻人为服务对象，为适合着装搭配和对当代审美的需求创作小体积、轻体量的商业饰品，材质为银或银镀金。如"一丝"，根基于上海，秉承着海纳百川的海派作风，工艺上融汇了西南花丝工艺的平填，材料上选取了京派花丝的纤细，创作出适合都市生活，精致细腻，又不乏当代审美的首饰作品（图3-3-7）。开发的系列产品中，《雏菊》（图3-3-8）深受消费者的喜爱，用花丝塑造了形态微小，却具有顽强生命力的花朵，表述了"微小即是强大，柔软胜刚强"的观念。

"青茧GREEN COCOON"的花丝首饰具有极简主义的外观，轮廓几何化，给人一种干净利落的心理感受。作品（图3-3-9）往往不与任何其他工艺结合，也不与其他材料相碰撞，单纯的体现花丝在纹理和肌理方面的美感，在相对平面、微小的体量里诉说着设计师对设计构成及花丝工艺的体悟。

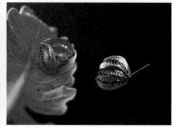

图3-3-7 "一丝"品牌，《萌芽》

图3-3-8 "一丝"品牌，《雏菊》　　　　　　　　图3-3-9 "青茧GREEN COCOON"品牌

彝族品牌"软山SOFT MOUNTAINS"的作品（图3-3-10）外观与青茧有相似的地方，都做了极简化的处理。软山体现立体的造型，通过同一元素的重复排列给人饱满的视觉感受。作品剥离了传统花丝工艺，抽取部分打造成具有高度概括化的造型，散发着极简、沉静的气息，软山的作品具有高度适配性，浸透着对自然万物的赞美和生活哲学的体悟，

图3-3-10 "软山SOFT MOUNTAINS" 品牌

让刻在民族基因里的文化重新以一种时尚的姿态回归到生活中。

从这些品牌可以看出花丝镶嵌工艺纳入非物质文化遗产名录，颇受国家重视的十几年间，花丝工艺得到了有效发展。不管是宫廷艺术的延续、民族风情的深化和演绎，还是都市风尚的展现，为民众接纳是花丝首饰设计前进，工艺得以继承的关键。在保留花丝视觉体征的前提下，如何与现代科技结合，借鉴流行趋势，从表现形式、首饰的材质与造型风格、设计理念等方面契合人们的需求，创造出亲民实用的设计，与受众联结，是一直需要考虑的。

二、艺术品的设计

几千年的古老工艺与当代艺术的结合，是一场扣人心弦的碰撞。传统纹饰的繁复精致与当下首饰设计所追寻的简约、概括的造型，以及更具寓意性的艺术语言相悖，如何将花丝运用在具有当代首饰造型特征的作品中，突破传统纹饰"形"的束缚，给予花丝首饰以新的面貌，非常有研究意义。

　　朱莹雯的作品《缤纷》（图3-3-11）最大限度地削弱了传统花丝本身以纹样、花型装饰描绘具体形态的表现手法，代之以单一花丝构成面，形成肌理作为本体，通过当代的造型构成方式进行的一种实践。她运用立体构成的方法来建构作品的造型，这和传统的花丝作品多以"堆"和"垒"构成立体的成型方式完全不同，作品在立体维度的空间里呈现独特的美感。朱莹雯的另一套作品《镜中我》在于对内心的表述，其中一件（图3-3-12）用花丝网做成了类似于对开门的可开合造型，在"门"后，花丝被作为底纹进行处理，中间人形镂空，弱化花丝工艺的装饰性的同时，突出作品的整体性，以此来表达内心迷茫的状态。整件作品突破了带有花丝工艺的首饰以花丝纹样和描绘具体物像为主要视觉表现的创作角度，装饰性及重要性被最大限度地削弱，完成了一个极富当代感的视觉呈现。

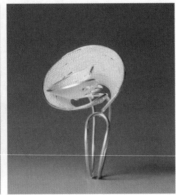

图3-3-11　朱莹雯，《缤纷》胸针、戒指，纯银

图3-3-12　朱莹雯，《镜中我》胸针，纯银、925银

　　郭新的首饰挂件作品《撒拉弗的影子》（图3-3-13），作品采用大尺寸且三百六十度旋转的立体呈现方式，超出惯常挂件的尺寸让这件作品具有强烈的视觉冲击力。精致的花丝翅膀构成了单元形，通过有序的重复排列给人一种不断向上，向周围延伸且坚定的力量感。作品仅用了一种纹样——平填螺旋纹，通过巧妙的处理，让每一片翅膀呈现细腻且整体的变化。显现出艺术家对花丝工艺纯熟的把控能力，生动地呈现了她心目中的信仰，以及天使"撒拉弗"的隐喻表达。

　　朱鹏飞的作品《从一个面开始》（图3-3-14）大胆的探讨了花丝在立体空间建构方面的可能性。作品通过一块块几何形的面焊接、组合成一个个独立的立体单元，然后将

图3-3-13　郭新，《撒拉弗的影子》首饰挂件，银、珍珠

一个一个迥然不同、独立的立体单元组合成项圈的结构。整个作品内填仅用了双股花丝，通过绕框密填和拱丝随形填制的手法给人特殊的视觉感受，在作品的造型及纹样运用方面均实现了对传统花丝的突破。

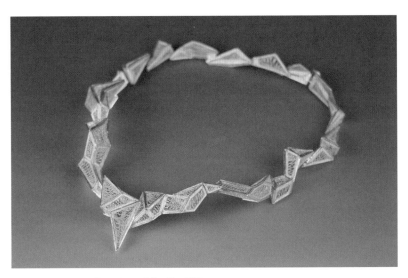

图3-3-14 朱鹏飞，《从一个面开始》项链，纯银

颜如玉一直致力于花丝的编织研究。在她的作品《织语》胸针、手镯（图3-3-15）的创作中，没有运用传统花丝工艺中的编织手法"席纹""小辫丝""人字纹""十字纹""套泡纹""拉泡丝"等，而是采用了西方的金属编织手法"经纬编织"和"绕圈编"，并试图将它们进行调和，将编织过程中形成的各不相同的视觉语言按照其特有的优势进行组合搭配，创造出别有意味的艺术效果。《织语》的创作是对花丝工艺的突破，也是当代首饰艺术创作的有益尝试。

图3-3-15 颜如玉，《织语》胸针、手镯，纯银、异形珍珠

李桑一直致力于花丝工艺的传承。作品《相遇》（图3-3-16）极力突破传统花丝在纹样上的对称性和描绘的具象性，采用了拱丝和平填螺旋纹，以几何形为基础图案进行填丝，通过不规则的螺旋纹的排列、富于律动感的整体造型来体现当代性。作品中花丝和素丝间隔，两者不同的光泽和肌理产生对比并互相映衬，表面看来是在追求线条有形、无形的变化，实则通过构建唯美、抽象、无序、似与不似的视觉语言来突破"形"的束缚。展现相遇的多重寓意：相遇是缘分、是分离、是擦肩而过，一种美好或释怀。

 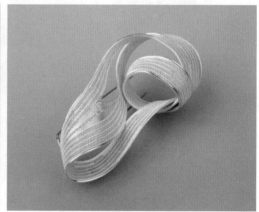

图3-3-16 李桑,《相遇》胸针系列之二、之四，纯银、925银、钢

花丝工艺用于当代首饰的艺术创作时间并不久远，在以上这些作品中，我们看到了创作者对工艺、传统纹饰以及造型的思考，对"反传统"和"非标准化"思想的植入。历史不断前行，创新与超越将是永远的课题，关注生存环境、生存状态，注重首饰对生活本质的表达，将有助于推动花丝首饰的艺术创作。

思考题：

1. 古代中国有与"设计"一词相对应的行为吗？

2. 首饰设计造型的基本元素是什么？

3. 首饰设计的形式美法则包含哪些？请举具体案例予以说明。

4. 当代花丝首饰设计可以从哪几点入手考虑它的设计创新？

5. 当代花丝首饰的商业产品设计可以划分为哪几类？分别服务于哪些人群？

第四章　花丝首饰的综合创作

课程内容：花丝首饰综合创作的要求与意义

　　　　　花丝首饰创作案例（一）

　　　　　花丝首饰创作案例（二）

　　　　　作品赏析

课程性质：理论、实践与赏析

课时安排：1课时 | 35课时 | 1课时

本章重点：花丝首饰的创作

学习目的：运用所掌握的花丝工艺流程和花样丝、纹样，以及
　　　　　首饰设计需要注意的要点进行花丝首饰的创作实
　　　　　践，实行从设计、工艺分析到制作的全方位练习，
　　　　　提升对花丝首饰设计的理解。

教学方法：讲授法、案例分析法、实践法

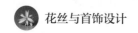

花丝首饰的综合创作，目的是将所学的工艺知识与首饰设计融会贯通，按照自己的理解进行创作。从设计构想、纹样选择到实物制作，一步步深入，将花丝工艺有机的融入当代首饰设计中，过程中可以灵活的结合其他工艺或制作手段，创作出符合当下审美的作品，提升对花丝工艺的理解，对其在首饰设计中的运用有更为深刻的认识及思考。

第一节　花丝首饰综合创作的要求与意义

一、花丝首饰综合创作的要求

从设计构想、纹样选择、工艺分析、实物制作等逐步深入，了解花丝首饰创作的流程，能够根据设计进行分析，灵活的搭配工艺手法。理解花样丝、纹样等的运用，进行可行性的布局。在花丝工艺的操作方面，提升掐、填、焊接等能力。

（一）设计构想

花丝首饰的设计构想是基于表现花丝特质为目的而进行的。以狄思齐的创作《悟》为例，她希望用花丝平缓的纹理来表达容貌焦虑过后内心的平静与成长。设计初期以南宋画家马远的《水图》为灵感来源，选择项圈为载体（图4-1-1）。思考逐步深入的过程中发

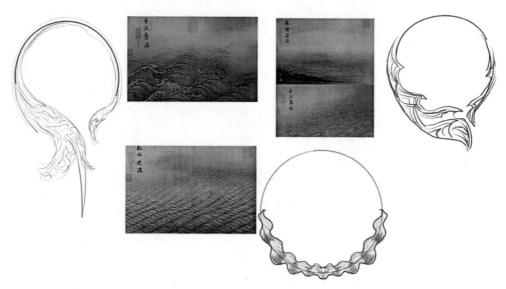

图4-1-1　狄思齐，《悟》初版草稿一

觉初始设计构想过于平面化，做成面积较大的项圈将会很单薄，就调整为双层或多层花丝组合的胸针系列。造型以圆弧形为主（图4-1-2），选用水晶、萤石的原石作为主石进行镶嵌，试图以舒缓的造型及花丝纹理表现内心的平静，原石来体现自我本心的保持。

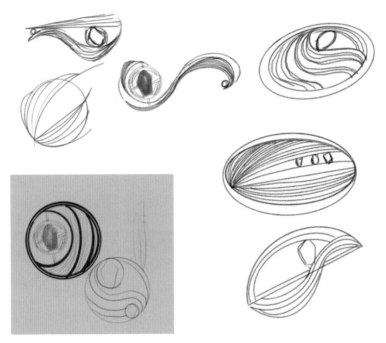

图4-1-2 狄思齐,《悟》初版草稿二

定下造型后，在保持外轮廓整体性的前提下，对结构进行了一些突破，通过分层，角度的设置让作品具有立体感，再通过前后花丝片面积的差异，在视觉上形成更为丰富的变化（图4-1-3）。

图4-1-3 狄思齐,《悟》最终定稿

（二）造型把控与模型制作

当花丝首饰设计的构想为立体形态时，为了更好地把控造型，往往需要通过制作模型将心中的构想实物化，产生更为直观和清晰的认识。通过调整、逐步完善，直至整体形态确立，为下一步实物制作的顺利进行打好基础。

图纸落实到模型，是平面到立体，让二维的设计具象化的过程。在狄思齐的创作中，模型打样（图4-1-4）的环节帮她把假想中的三维形态的盲点现实、具象化，让她对设计的立体造型有了更为直观的认识。通过不断调整，确立了作品的角度，上下片的高度，完成了花丝片的前后设置，以及宝石位置的安排，让作品的结构清晰而确凿起来。

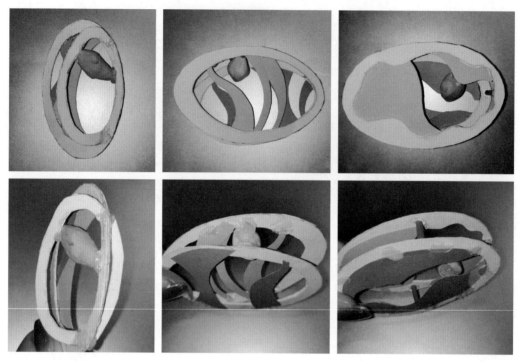

图4-1-4　狄思齐，《悟》模型

桑泰然的创作（图4-1-5）希望呈现一个当代化的外观，她尝试以三角形为造型元素，赋予作品硬朗、犀利的造型，打破传统花丝首饰的温和感。模型制作采用了卡纸，运用穿插的手法来构建脑海里的造型。为了作品能够稳固，她对三角形的形状和大小进行不断的组合，最后全部采用了直角三角形，逐步完善了心中的设计，为实物制作做好准备。

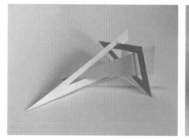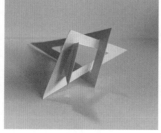

图4-1-5　桑泰然，《重屏》纸模

（三）工艺选择与搭配

当造型完全确立后，如果整件作品不是全部采用花丝工艺完成，那么需要考虑达成最终效果还需的其他工艺，如雕蜡、激光切割，镂空等，在这个过程中要学习机动灵活的运用所学的方法，进行工艺的搭配。

包容的作品（图4-1-6）灵感来源于孔雀的尾羽，希望制作一件适合当下审美的发簪。她采用了水滴形元素进行组合构成发簪主体，由于设计的造型边框及内部的隔断比较宽，选择了手工镂空的方式，将银片中需要填花丝的部分锯出，修整、抛光后再逐一进行花丝的填制。

图4-1-6　包容，《雀羽》

冯雅兰的作品《兰·蝶》胸针（图4-1-7）分为上、中、下三层，中层部分用花丝，上层部分用金属片。除了手工镂空，还选用折角的方式让金属片具有折纸般的视觉效果。

图4-1-7　冯雅兰，《兰·蝶》

陈袁雨蝶希望自己的作品（图4-1-8）具有机械美感并具有空间层次，将作品设计成上中下三层，由于所要表现的层叠效果需要非常工整，她选用了激光切割制作作品的框架。在定稿后确定精确尺寸及设计图，用Illustrator软件进行1∶1绘制，发给工厂进行激光切割。

图4-1-8　陈袁雨蝶，《万花镜》

　　张承慧的创作《遐思》胸针，由于设计构想的轮廓有粗细的变化和曲度、转折，决定尝试雕蜡再进行浇铸（图4-1-9），让作品具有相对厚重的外轮廓，以及流畅变化的曲线造型（图4-1-10）。

　　顾唐子晗的《夏之彼岸》胸针需要大片色彩的呈现，于是尝试了珐琅工艺。没有采用常见的掐丝珐琅，也没有将珐琅与花丝处理成一个平面，而是烧制一块珐琅板作为花丝片的衬底，为作品增添清爽淡雅的色彩，来表现心中所期盼的夏日热烈的另一面（图4-1-11）。

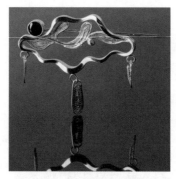

图4-1-9　张承慧，《遐思》蜡模　　　　图4-1-10　张承慧，《遐思》胸针，纯银、　　图4-1-11　顾唐子晗，《夏之彼岸》胸针，
　　　　　　　　　　　　　　　　　　925银、蓝色立方氧化锆　　　　　　　　纯银、925银、钢、珐琅

（四）丝的组合与搭配

　　花丝首饰的设计中，丝的搭配与组合是体现首饰花型美感，影响最终效果的关键。合理的搭配与组合设计，将极大地提升作品的视觉效果。这个过程，往往需要三个步骤。

　　第一，确定花丝制作原材料的整体搭配及材料规格，需要注意主次得当，粗细合宜。通常基本框架需要用较粗的银丝制作，在增强作品强度的同时，可以增加视觉对比效果。第二，进行花样丝与纹样的选择或搭配，用最基础的两股花丝，还是选择其他拱丝、码丝、麦穗丝、凤眼丝、小辫丝等；选择何种花丝纹样，或多种纹样进行组合。花样丝与纹样的选择全在于是否达到设计意图，呈现和谐、美观的视觉效果。第三，需要考虑是否进行肌理对比。花丝工艺常用原材料为素丝与花丝，素丝表面光滑平整，形成面后显现线状肌理。花丝富于细节，形成面后可以显现点阵肌理。如何选择，取决于创作所要体现的视觉效果。

　　以王晨璐的创作《兰》为例，作品希望以仿生的方式表现自然的兰花造型，因此花瓣不宜过厚，轮廓丝与内填花丝均压成宽度0.8毫米的扁丝，再进行填制，以保持花丝面高度一致。在花型上，为了显示出兰花的细致与柔美，内填丝全部运用花丝，呈现细致的点阵肌理效果。在花型上，将平填螺旋纹和随形拱丝进行了有机的结合，让填制的花丝部分视觉效果极为灵动（图4-1-12）。

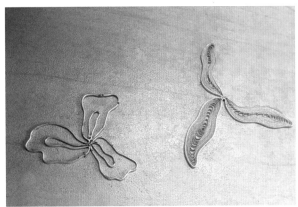

图4-1-12　王晨璐，《兰》胸针，纯银、925银

　　倪晨的作品《窗棂翠意》，希望体现具有平面视觉效果的胸针。选用了粗方丝作为外框，在内填的丝上，运用了花丝和素丝，由于填的素丝面积相对于花丝小，两者之间并不是很紧密，所以肌理方面的对比显得相对柔和。作品尝试了将花样丝和几种纹样放置在一起，选用了局部填拱丝，将小6纹、圆形卷进行了有机的组合。通过小6纹大小不一、看似随意的方向安排，几种花型面积的对比和排列，呈现出视觉上的变化（图4-1-13）。

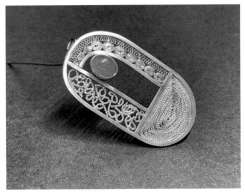

图4-1-13　倪晨，《窗棂翠意》胸针，纯银、925银、翡翠、钢

王晨露的吊坠《懵懂》也采用了平面的表现方式，与前者的作品不同，她将花丝和素丝并峙，在圆形的外框内，进行流线性的排布。通过掐丝让元素的形体之间产生穿插关系，使得点状光泽和条状光泽互动，显现出极大的肌理反差，呈现强对比的视觉效果（图4-1-14）。

图4-1-14　王晨露，《懵懂》吊坠，纯银、海蓝宝

二、花丝首饰综合创作的意义

花丝首饰的综合创作通过经历构思、定稿、工艺分析、精工细作等过程，加深同学们对花丝工艺特性的理解和对花丝首饰设计的认识，提升对该工艺技能的掌握以及应用能力。为将来有可能从事花丝首饰设计的同学奠定基础；对于其他同学也是一种非物质文化遗产传承教育。

第二节　花丝首饰创作案例（一）

一、设计构想

高睿的《溯》设计构想来源于金鱼中一类名为泰狮的品种，采用仿生设计的方法，模仿其形态、肌理质感与结构，进行花丝首饰的创作（图4-2-1）。泰狮形态上的主要特点在于尾部，尾扇大而宽，尾部夹角小，尾柄粗壮，游动时尾部的摆动让泰狮的身姿显得极为曼妙。有了对其典型外部形态认知的基础后，在设计的过程中，

图4-2-1　高睿，《溯》吊坠，纯银、紫檀

又进行了突破与创新。在突显特点的同时，保留了金鱼的外形结构。将鱼头部简化并用平面的方式进行处理，缩小躯干部分并省略了背鳍、胸鳍和腹鳍，从而避免造型过于琐碎。将重点放在尾部的塑造中，尾鳍部分放大，由原本的四叶尾增加到了十叶，通过花丝的花型塑造使视觉上更加丰富，体现美感（图4-2-2~图4-2-4）。

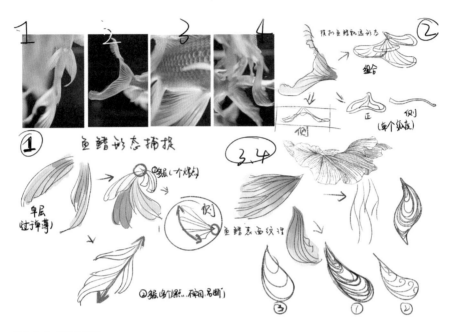

图4-2-2　设计构想图一

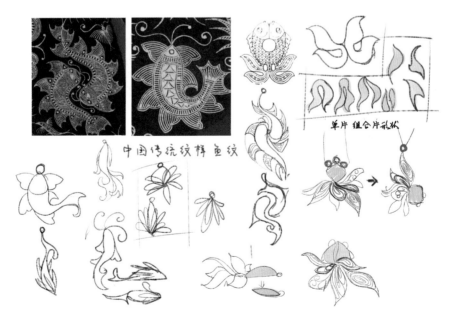

图4-2-3　设计构想图二

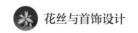

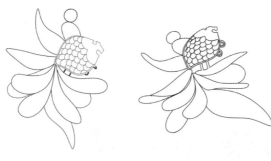

图4-2-4　设计定稿

二、内填纹样的布局与构思

作品内填纹样部分运用了鱼鳞纹、卷草纹、平填螺旋纹。鱼的身体部分采用了鱼鳞纹，来显现躯干部分的皮肤质感与肌理效果。鱼尾作为表现金鱼游动时飘逸美感最重要的部分，是这个作品中需要花大篇幅予以突出的，将卷草纹与平填螺旋纹进行有机的结合，达到丰富、优美、整体的效果。金鱼尾巴分为上下两层，丰富造型的同时具有一定动态。下面一层用素丝与花丝密填并峙的手法，在各个单元的尾端留一点空间来透气，展现出的金属光泽可以模拟鱼尾在水中透亮闪烁的样子，还可以让花丝与素丝在肌理上形成鲜明对比，交相辉映。上面一层选用卷草纹，与下层的密填在视觉上形成反差，增添精致、轻盈、浪漫而优美的气息。这样一来，变化与统一，对比与调和就达到了和谐（图4-2-5）。

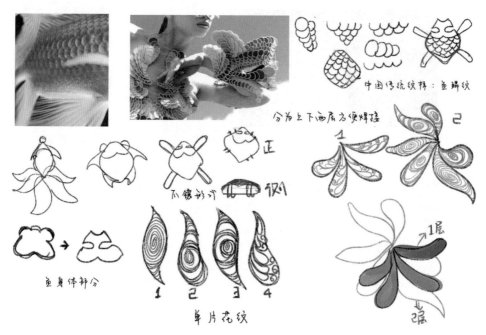

图4-2-5　纹样布局与构思

三、工艺与实践步骤分析

吊坠结构比较复杂，若只用花丝工艺，将显得单薄且单一。选择在鱼头与躯干部分下垫木质衬底，增加体感的同时，丰富了色彩及质地。将花丝与镶嵌相结合，尝试用爪镶的方式把木头与花丝部分合为一体。作品的实践步骤，需要注意以下六点。

（1）鱼尾的上下两层需要分开制作。密填下层时，注意平整，平填螺旋纹的空隙需要留得均匀，在空档的节奏上可以有一定的变化，将花丝和素丝以不同的方式进行处理。

（2）用卷草纹填上层时，要注意弧度流畅，并能够紧密相接，这样可以保证焊接结实。

（3）上下两层鱼尾焊接到一起的时候要注意焊片的用量和加热的手法。上层卷草纹镂空部分多，受热快，焊接时需要先加热下层密填的部分，达到一定温度后，再用温和的火加热上层，使焊药在两层间熔化，焊接成功。

（4）木质衬底可以是颜色深，质感温润的紫檀，让鱼鳞纹在深色的衬托下更为明显，通过爪镶的方式组合起来，增加作品的层次和厚重感。采用倒扣的方式将木头抓住，为了牢固，四爪需要制作的大一些，可以为U型爪。

（5）鱼身体与尾部的结合要牢固，不能虚焊有松动，焊接时要特别小心。

（6）作品完成，全部清洗干净后，才能将衬底与金属部分进行结合。

四、作品的制作

（1）用外轮廓素丝，按照图纸拗出外框（图4-2-6）。

（2）仔细比对金鱼尾巴的造型，外轮廓线条是否协调、流畅，并进行调整（图4-2-7）。

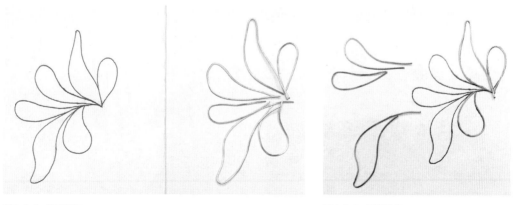

图4-2-6 拗出外框　　　　　　　　　　　　　　　图4-2-7 调轮廓线

（3）将各部件连接处进行焊接，并贴在美纹纸上，开始用花丝进行平填（图4-2-8）。

（4）将素丝和花丝逐一填在各个单元形中（图4-2-9）。

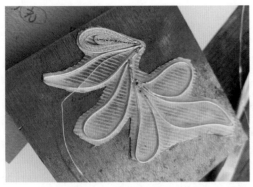

图4-2-8 焊接及平填

图4-2-9 填入素丝和花丝

（5）蘸硼砂水，撒焊粉，焊接紧实（图4-2-10）。

（6）在小片鱼尾框架中填入卷草纹，并焊接（图4-2-11）。

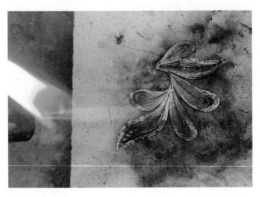

图4-2-10 焊接

图4-2-11 填入卷草纹并焊接

（7）确定两层的焊接点，将上下两层焊接起来（图4-2-12）。

（8）锯出金鱼头部的形状，拗出鱼腹部的外框（图4-2-13）。

图4-2-12 焊接

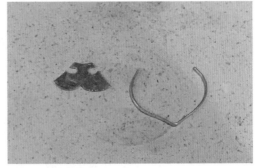

图4-2-13 锯出头部形状及拗出外框

（9）将鱼头部与鱼腹部外框进行焊接（图4-2-14）。

（10）用内填素丝制作鱼鳞纹（图4-2-15）。

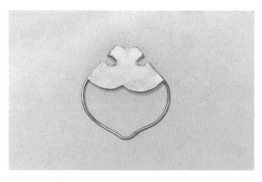

图4-2-14　头部与腹部焊接

图4-2-15　制作鱼鳞纹

（11）将鱼鳞纹填好（图4-2-16）。

（12）焊接鱼鳞纹，将它与外框合为一体（图4-2-17）。

图4-2-16　填入鱼鳞纹

图4-2-17　焊接

（13）在鱼身的两侧焊接四个U型爪（图4-2-18）。

（14）将两个部分放在一起，确定连接点（图4-2-19）。

图4-2-18　焊接U型爪

图4-2-19　确定连接点

（15）锯下与金鱼身体大小、形状一致的木片（图4-2-20）。

（16）修整木片外形，并使其背部微微隆起，通过锉磨、抛光让木片表面光滑。然后与鱼的躯干部分进行比对、调整，直至造型完全合适。放置一旁，待用（图4-2-21）。

图4-2-20 锯下与鱼身一致的木片

图4-2-21 修整木片外形

（17）将鱼身两侧的三个U型爪向下弯曲，隐藏在鱼身下，与鱼尾相连，准备焊接（图4-2-22）。

（18）焊接过后，仔细查看焊接点是否牢固，然后焊接吊环（图4-2-23）。

图4-2-22 U型爪与鱼尾相连

图4-2-23 焊接吊环

（19）全部焊接完成后，在明矾水中进行煮洗。由于氧化层比较厚，需要经过多次煮洗，将氧化层去除干净（图4-2-24）。

（20）用铜刷将需要光亮的部分刷亮（图4-2-25）。

图4-2-24 煮洗

图4-2-25 刷亮

（21）调整打磨机到合适的转速，对金属外轮廓进行抛光（图4-2-26）。

（22）安装紫檀木的衬底，最后用钳子将鱼尾部分拗出合适的造型（图4-2-27）。

图4-2-26 抛光

图4-2-27 拗出合适的造型

（23）完成品（图4-2-28）。

图4-2-28 完成效果

第三节 花丝首饰创作案例（二）

一、设计构想

胡雨静的《指尖花窗》（图4-3-1）来源于对传统的反思。花丝作为一种传统工艺，古时起常用在贵族的头冠、珠钗之上，往往造型复杂，装饰繁复。胡雨静想，"如果用花丝的创作手法结合当代几何的造型设计风格，摒弃惯常的戒指、项链、耳环，又能产生怎样的作品？"这让她联想到了流行文化下经常讨论的"美甲"，作为指尖装饰，似乎是很长时间以来人们讨论的话题。"传统与当代的结合，一定要有新的火花！"怀着这样的想法，胡雨静将花丝与指尖装饰进行融合，试图改变美甲的一次性，创作一种专属于指尖的首饰，让指尖生花。

确定了方向后，胡雨静开始在构想图上进行一些结构上的尝试，过程中曾经想要融合一些机械风格，但由于装饰面过小，难以将风格体现得淋漓尽

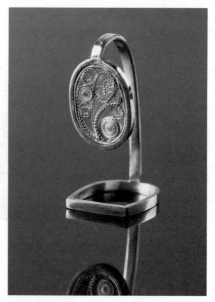

图4-3-1 胡雨静，《指尖花窗》指饰，925银、螺钿

致而放弃。最后选择了更具概括性的几何形状作为大框架，主体装饰面椭圆形，套指的部分一改传统戒指的圆形，采用了U形，让两者相区别，中间用一根支架连接，使作品拥有简洁、洗练的外观（图4-3-2）。而主体部分采用柔美的花丝花型进行装饰（图4-3-3），以达到传统与现代相结合的目的。在颜色方面，考虑到漆器中螺钿的运用，来打破花丝色彩的单一，增加微妙的变化。

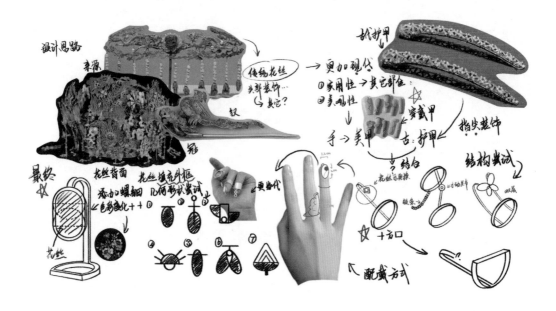

图4-3-2 设计构想图

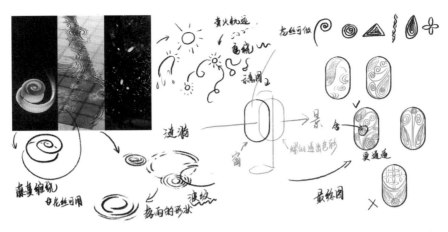

4-3-3　纹样构想图

二、内填纹样的布局与构思

作品用于装饰指甲，主体的面积非常小，仅比指甲盖略大一点。在这么小的面积里进行花丝的创作，表现的内容不宜过多。计划参考植物的元素，让"藤蔓"与"果实"互相映衬，用富有动感的卷草纹代表藤蔓，以向上生长的方式进行不规则的布局，在主体装饰面占据大部分面积。用圈纹代表果实，体现面的视觉效果。让"藤蔓"的线状和"果实"的面状形成对比。

在丝的运用上，让双股花丝和素丝并存，花丝的点状肌理和素丝形成的条形肌理形成对比，在微小的面积里呈现丰富而精致的视觉效果。

三、工艺与实践步骤分析

作品采用花丝工艺，螺钿用贴的方式，在主体部分清洁完毕后与之相结合。作品的实践步骤，要注意以下六点。

（1）作品外轮廓分为主体框架、指环和连接杆三个部分，外框的线条需要比较结实，以稳固形态，可以用方丝压扁进行制作。

（2）框架的焊接，需要注意焊药的使用不宜过多，焊接点必须锉磨干净，抛光到位后进行下一步。

（3）为了在主体框架的正面不露出螺钿片的边缘，主体框架内需要焊接一个高度低于主体框架的内框，在正面增加层次感的同时，可以掩盖背部螺钿片的边缘。

（4）主体框架内先填卷草纹，线条需要流畅，单元形之间紧密连接，再在空档处填圈纹。

（5）焊接全部到位后，清洗干净并抛光。

（6）最后安装螺钿片。

四、作品的制作

（1）将选择的方丝通过压片机压扁（图4-3-4）。

（2）选取合适的长度，制作相应的部分（图4-3-5）。

（3）制作指环，将丝拗成U形（图4-3-6）。

图4-3-4　压扁

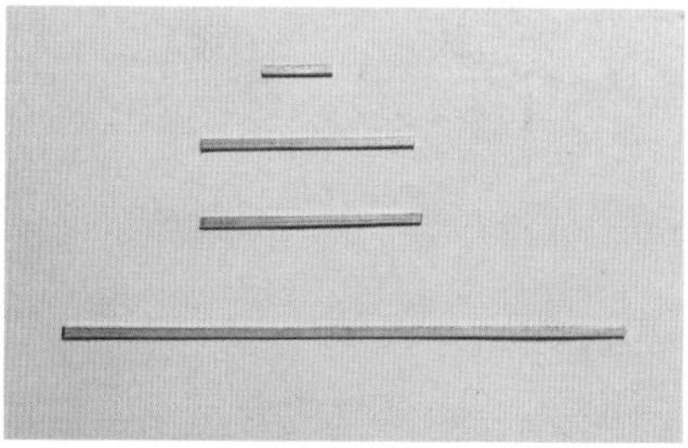

图4-3-5　制作相应的部分

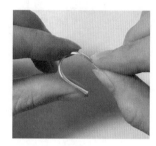
图4-3-6　制作指环

（4）焊接指环（图4-3-7）。

（5）磋磨U形指环并抛光（图4-3-8）。

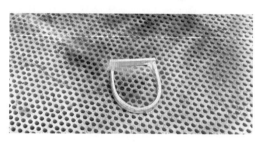
图4-3-7　焊接指环

图4-3-8　整形，抛光

（6）将焊药烧到U形指环与支撑架的连接处（图4-3-9）。

（7）焊接指环和支撑架（图4-3-10）。

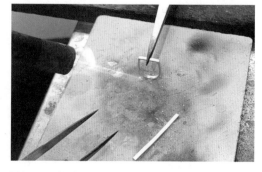
图4-3-9　点焊药

图4-3-10　焊接

（8）制作椭圆形主体框架，用锉刀将对接面进行修整后焊接（图4-3-11）。

（9）制作主体框架的内圈，并确认密合性（图4-3-12）。

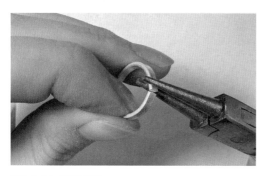

图4-3-11　修整后焊接

图4-3-12　制作内圈

（10）将两个椭圆形焊接起来（图4-3-13）。

（11）制作主体装饰面中的"果实"部分（图4-3-14）。

图4-3-13　焊接

图4-3-14　制作"果实"部分

（12）按照设计图进行掐丝，花丝的填制（图4-3-15）。

（13）反复比对、调整，直至花型从视觉上协调（图4-3-16）。

图4-3-15　掐丝及填制花丝

图4-3-16　比对、调整

（14）蘸硼砂水，撒焊粉，焊接花丝，再焊接花丝与主体框架（图4-3-17）。

（15）将主体部分与其他框架进行焊接（图4-3-18）。

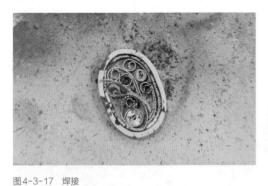

图4-3-17　焊接

图4-3-18　主体与框架焊接

（16）清洗过后，用玛瑙刀进行抛光（图4-3-19）。

（17）调整主体部分上方框架的弯曲度，并进行试戴（图4-3-20）。

（18）将螺钿剪成合适的大小（图4-3-21）。

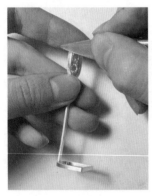

图4-3-19　抛光

图4-3-20　调整并试戴

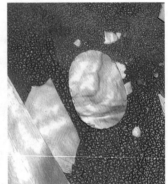

图4-3-21　剪成合适大小

（19）用胶将螺钿粘到主体框架的背面（图4-3-22）。

（20）作品成品佩戴效果如图4-3-23所示。

图4-3-22　螺钿粘到主体框架背面

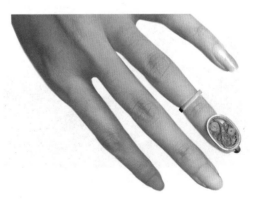

图4-3-23　作品成品佩戴效果图

第四节 作品赏析

王晨璐的作品采用仿生的创作手法制作了一对兰花，是融合了基础工艺实训前两个练习进行的再创作。结合了铜鼓片练习中的拱丝，并灵活地进行了随形填制。借鉴了花丝花朵两层的构造，运用了平填螺旋纹作为底层花瓣的填充纹样。作品外轮廓及内填花丝线条流畅，极富韵律感，镂空和密填的部分通过对比相得益彰，让作品显得极为灵动，反映出创作者良好的领悟能力和融会贯通能力（图4-4-1）。

陈佳敏的这套作品包括耳环和戒指，尝试了将锻造、花丝和镶嵌三种工艺结合起来。首饰主体面呈平面的样式，用锻打的方式塑造了外轮廓，素丝和花丝被设计成了带有高低差的视觉效果，外轮廓、分隔素丝和内填花丝三者在一起显示出微妙的变化。主体装饰的花丝纹样造型舒展，素丝与花丝的点状肌理相对，让作品显得精致，又通过紫水晶作为点的设置，在作品中起到了提神的作用（图4-4-2）。

图4-4-1 王晨璐，《兰》胸针，纯银、925银

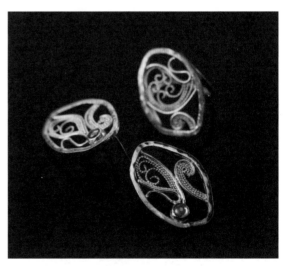

图4-4-2 陈佳敏，《芊绵》耳钉与戒指，纯银、锆石

阮惜真的这对耳环极具巧思，花瓣为十字造型，在平面上填好花丝，焊接后再进行外轮廓的塑造。底部用锻造的方式做了一个托儿，内部焊接了跳环，用来吊花蕊，不但在视觉上增加了面的处理，同时又对上面的形起到加固的作用。耳钩直接与珍珠相连，然后通过花瓣焊接形成的孔洞穿上去，这一设计非常巧妙，可以在耳环氧化需清理时，把带着珍珠的耳钩取出，让耳环主体部分容易清理且不损伤珍珠。整个作品在造型设计上点、线、面皆有，轮廓线条具有律动感，花丝的镂空处理让耳环显得轻巧、精致，花蕊和珍珠可以随摇摆而活动，戴起来极为灵动（图4-4-3）。

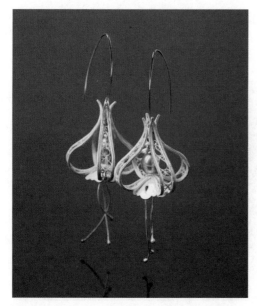

图4-4-3　阮惜真,《花在不远处盛开》耳环, 纯银、925银、淡水珍珠

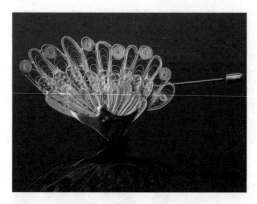

图4-4-4　王静雯,《Yin'g》胸针, 纯银、925银

图4-4-5　郁轶娴,《忘川》戒指, 纯银、925银

王静雯的这件作品显示出对基础工艺实训几个练习的扎实掌握,作品出现了铜鼓片中的圈纹制作,花丝花朵的密填处理,第三个练习中的花丝纹样练习。整个作品分了四层,从近到远呈现出实心到镂空的变化,形成实与虚的对比。最上层片的设置,是整个作品的重要环节,削弱了三层花丝由于花型变化多产生的繁复感,让作品在视觉上显得整体,并增强了当代性(图4-4-4)。

郁轶娴的戒指在设计的造型上表现得极为灵动,突破了传统花丝花朵的对称、规则造型,以及给予人的静态感受。描绘出花朵绽放的状态,极具动感,赋予了作品以生命。运用了平填螺旋纹、拱丝,并自行创造出一种以拱丝为基础的四瓣花型,是对传统花样丝的创新演绎(图4-4-5)。

周诗源的平面感觉极好,综合创作完成了一对吊坠,作品以小品的方式描绘了夜空下的图景,通过大树与小树相依相偎来隐喻她和母亲。吊坠在结构上处理得极为巧妙,分为上、下两层,第一层外轮廓形态自由而厚重,花丝面低于外轮廓,在视觉上形成错落的层次感。第二层为底板,以錾的方式呈现了星星点点,在轮廓的边缘留下了四个宽爪,焊接了与链条可以结合的结构部件,并镶嵌了刻面小宝石,最后进行了氧化黑的处理。所有工序完成后,用爪子扣住第一层完成结构的合并。

作品视觉极具整体性,用平填螺旋纹完成了整个花丝面,双股花丝由于图形的变化显出律动感,拙趣而雅致。作品构图平衡,变化又统一,虚实处理得当,色彩搭配精心,作为第一次的花丝综合创作,显得极为成熟（图 4-4-6）。

赵广阔的作品灵感来自一副哭泣的妆容图片，将其中轮廓线条提取后倒转，眼泪变成了眼睛，眼轮廓线呈现的曲度展露出微笑的状态。在创作者看来，蓝色代表着忧郁的心情，当深陷忧郁中无法自拔时，哭泣作为一种释放，是让人释怀的转折点；哭泣后露出的笑容，预示着忧郁到坚强意志的转变。他对双面透明蓝色亚克力表面进行了偏光颜色处理，希望用炫彩来象征心情从忧郁走向明朗的状态。

这件作品的尺寸相对比较大，有 7.5 厘米 ×11.7 厘米 ×0.5 厘米，虽然花丝部分处理成了平面，且只用了平填螺旋纹，但对于一个初学者来说，将大面积的螺旋纹填得很平整还是有极大的难度。每个面积都做了细致的处理，让素丝和花丝以同心的方式为每一个单元服务，疏密、空档的安排各不相同，做到了统一与变化的高度和谐。眼睛部位处理得疏密有致，对整个作品起到了点睛的作用（图 4-4-7）。

冯雅兰的作品灵感来自蝴蝶，它是时常会被用于首饰创作的题材，如何通过传统内容及传统工艺的结合创作出当代感的作品，是这个创作希望解决的问题。

作品的整个造型处理得极为抽象、简洁，借鉴了折纸的艺术形式来表现展翅停落的蝴蝶造型，通过一定角度的翻折来表现蝴蝶翅膀的立体感及动

图4-4-6　周诗源，《我和妈妈》吊坠，纯银、925银、锆石

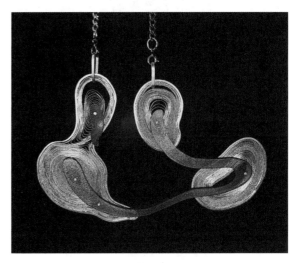

图4-4-7　赵广阔，《BLUE SMILE》项链，纯银镀白金、925银链、亚克力片、偏光镭射漆

态。采用几何形为元素进行面的连接，前后片设置了镂空和实心的面进行对比，让元素和造型之间相得益彰。花丝部分用了极简化的处理，只用到了素丝，全部采用平填螺旋纹，并进行了单一形态——三角形的处理，通过大小面积的不同，在统一中增加丰富性（图4-4-8）。

桑梦晴希望用作品表现风，在她看来微风温柔细腻，暴风却可摧毁一切，而风的形状无形无定式，来去又无踪……她羡慕风的自由，于是想要用作品捕捉住风的气息。

图4-4-8　冯雅兰，《兰·蝶》胸针，纯银、925银、钢

图4-4-9　桑梦晴，《捉风》胸针，纯银、925银

图4-4-10　吕宜珈，《青·承》胸针，纯银、纤维

作品在带状形态里填了花丝，由于要表现蜿蜒、伸展的造型，运用了双股花丝和素丝进行了狭长造型的螺旋纹填制，局部边缘搭配了拱丝，以增加丰富性。花丝面焊接后，以卷曲的方式进行处理，塑造出一个她想象中的风的造型，作品未对卷曲的接触点予以焊接固定，以此来表现坚固又松弛、随时都可以动的状态，是花丝首饰创作的一种有益尝试（图4-4-9）。

吕宜珈的作品设计灵感来源于古老青铜器和昆虫翅膀，是个有趣的组合。胸针的昆虫翅膀部分采用花丝制成，每一片都不尽相同，结合了双股花丝与素丝，运用了拱丝、平填螺旋纹、小6纹等，试图展现出轻盈与神秘之美。而胸针的繁花部分，则是用仿青铜材质的纤维进行呈现，试图体现青铜器典雅庄重的色彩。作品绽放的造型寓意历经岁月的流转，文明将继续传承，传统将重焕生机。

作品点、线、面的处理兼具，首饰设计的形式美法则展现无遗。变化和统一、对比与调和、节奏与韵律在作品中进行了很好的阐述（图4-4-10）。

王奕然的这件作品名字出自德国

作家赫尔曼·黑塞（Hermann Hesse）的小说《德米安》，译为"每个生命都是通向自我的征途"。她想通过作品表达自己突然患上脊椎疾病，行动逐渐艰难的三个月里的内心感受。用瓶子的造型代表那个时候的自己。向外的出口狭小，用UV胶染色体现内里膨胀的负面情绪，到一定的时候情绪倾泻。然而在经历了"征战"后，选择让它们流向内心深处，逐步平静，与自我言和。

　　作品在顶部运用了拱丝，处理成大小不一且不规则的排列，用UV胶凝冻，让丝的光泽在里面若隐若现，对这种存在了几千年的传统花样丝进行了当代语言的诠释，是将传统的花丝工艺与现代材料相结合的创作尝试（图4-4-11）。

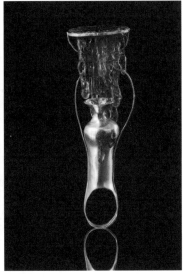

图4-4-11　王奕然，*Das Leben jedes Menschen ist ein Weg zu sich selber hin* 戒指，纯银、UV胶、蓝色着色剂

　　花丝首饰的综合创作体现了对花丝工艺流程及技能的掌握，在过程中增进对工艺本身的理解，对其在首饰设计中的运用，产生更为感性的认识。在传统与现代，工艺与材料，观念与理念的探索与展望中，感受历史的碰撞，体会花丝手工艺者的静心和耐心。

　　站在大众的审美与生活需求之上，深刻地理解这一承载着千年文化底蕴与匠人精神的传统技艺，将其与首饰设计融合，保留了花丝工艺的独特韵味，将有利于传统之美在不断演进的时代发展中找到新的表达方式，展现曾经的光彩，更好地奔赴未来。

思考题：

1.花丝首饰综合创作可以从哪几步入手？

2.当对想象的立体造型的落实不确定时，该怎么办？

3.花丝首饰设计中，金属丝材料的整体搭配及规格需要注意什么？

4.如何鉴别花样丝与纹样的选择和搭配是否合理？

实践训练：

选取一个自己感兴趣的主题，进行花丝首饰的综合创作。

参考文献

［1］杨小林 . 中国细金工艺与文物［M］. 北京：科学出版社，2008.

［2］扬之水 . 中国古代金银首饰［M］. 北京：故宫出版社，2014.

［3］史永，贺贝 . 黄金神话：向神灵致敬的极致工艺［M］. 上海：源博物馆，2016.

［4］史永，贺贝 . 珠宝简史［M］. 北京：商务印书馆，2018.

［5］唐一苇，闫黎 . 首饰发展简史［M］. 北京：化学工业出版社，2022.

［6］唐克美，李苍彦 . 中国传统工艺全集·金银细金工艺和景泰蓝［M］. 郑州：大象出版社，2004.

［7］吴小军 . 花丝镶嵌［M］. 武汉：中国地质大学出版社，2019.

［8］徐彬，岳鹏，赵曦 . 花丝镶嵌［M］. 北京：中国轻工业出版社，2017.

［9］厉宝华 . 花丝镶嵌［M］. 北京：北京美术摄影出版社，2015.

［10］丁希凡 . 首饰设计与赏析［M］. 北京：中国水利水电出版社，2013.

［11］郭新 . 海上十年：上海大学美术学院首饰工作室研究生教学回顾展［M］. 上海：上海大学出版社，2017.

［12］刘骁 . 首饰艺术设计与制作［M］. 北京：中国轻工业出版社，2020.

［13］林潇潇 . 花丝工艺制作技法教程：传统花丝工艺首饰制作案例操作步骤详解实用指南［M］. 武汉：中国地质大学出版社，2020.

［14］颜建超，章梅芳，孙淑云 . "花丝镶嵌"概念的由来与界定［J］. 广西民族大学学报（自然科学版），2016，22(2)：30-38.

［15］崔衡 . 金银细工工艺文化之解读［J］. 艺术科技，2019(11)：2.

［16］邢军 . 论中国"花丝镶嵌"工艺的来源［J］. 陶瓷科学与艺术，2019，53(1)：84-87.

［17］栾津津，王绍伟 . 点线面在当代首饰设计中的运用［J］. 中国宝石，2016(5)：4.

［18］姜倩 . 非物质文化遗产花丝工艺在现代珠宝设计中的应用［J］. 设计，2018(19)：57-59.

［19］孟晨 . 试论传统花丝工艺在当下的艺术转型［J］. 戏剧之家，2018(29)：2.

［20］MENSHIKOVA M, PIJZEL-DOMMISSE J. Silver wonders from the East: filigree of the Tsars［M］. Aldershot, UK: Lund Humphries, 2006.

[21] EICHHORN-JOHANNSEN M, RASCHE A, BAHR A, et al. 25, 000 Years of Jewelry [M].
London: Prestel Publishing, 2013.

[22] PHILLIPS C. Jewels and jewellery [M]. London: V&A Publications, 2000.

[23] TAIT H, ANDREWS C. 7000 Years of Jewellery [M]. London: British Museum
Press, 2007.

[24] SCHADT H. Goldsmiths'art: 5000 years of jewelry and hollowware [M].
Stuttgart: Arnoldsche, 1996.

附录1 当代花丝首饰作品欣赏

当代花丝首饰作品欣赏见附图1-1~附图1-27。

附图1-1 尹航,《寻》胸针,银、银镀金

附图1-2 尹航，《花火》项链，银镀金、紫水晶

附图1-3 张莉,《幻》系列胸针,纯银、925银、高温珐琅、大溪地珍珠

附图 1-4　朱鹏飞,《从一个面开始》胸针,纯银、925 银

附图1-5　何彦欣，《梦·蝶》胸针，纯银、925银、欧泊

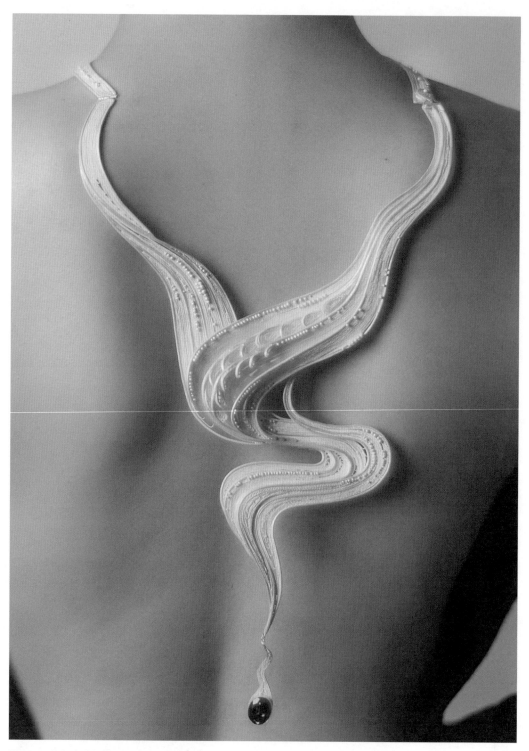

附图1-6 沈文秀，《春涧》项链，纯银、合成蓝宝石

附图1-7　白静宜,《皇室经典》套装，22K金、墨翠

附图1-8　罗琦，《水天一色》项圈，纯银、925银、帕拉伊巴

附图 1-9　朱莹雯，《一点光》胸针，925银、纯银、银镀18K金

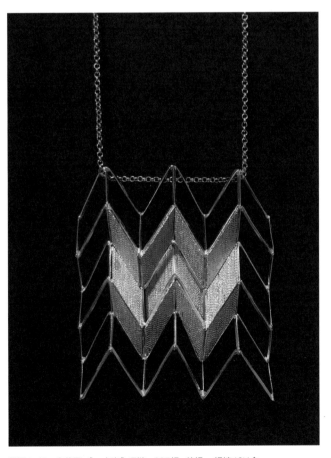

附图 1-10　朱莹雯，《一点光》项链，925银、纯银、银镀18K金

附图1-11　宁晓莉,《虚·影》系列陶瓷胸针,纯银、陶瓷

附图1-12　马佳铭,《门》胸针,纯银、分色镀金

附图1-13　Helen, *ALL A STORY NECKLACE* 2,纯银、925银,法国

附图1-14　纪海燕,《紫竹调》《心像》系列5，项链和耳坠，925银、珐琅、珍珠

附图1-15　纪海燕,《邂逅》《心像》系列2吊坠，24K金、铜胎珐琅、珍珠

附图1-16　纪海燕,《兔·聚》系列4胸针, 纯银镀金、珐琅、珍珠

附图1-17　徐冰蕾,《念念相续》胸针, 纯银、绿松石

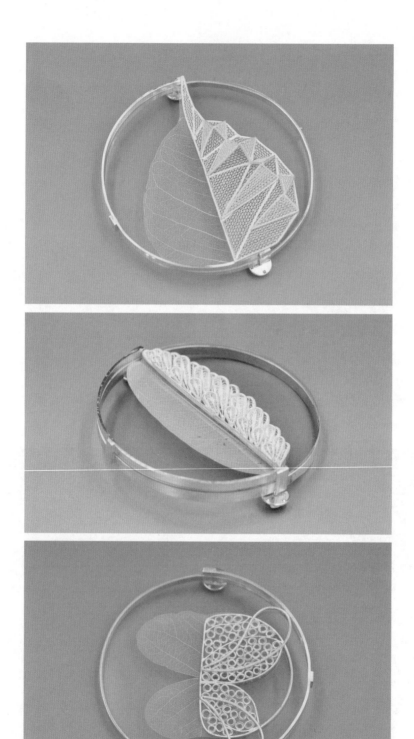

附图1-18　徐冰蕾,《一叶一心》系列胸针,纯银、有机玻璃、各种树叶标本叶脉

附图 1-19　徐冰蕾，《息》胸针，纯银

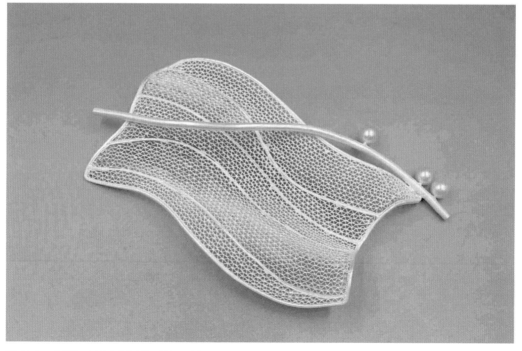

附图 1-20　徐冰蕾，《本我自我》胸针，纯银、珍珠

附图1-21　张思秋，《蚕语》系列，纯银

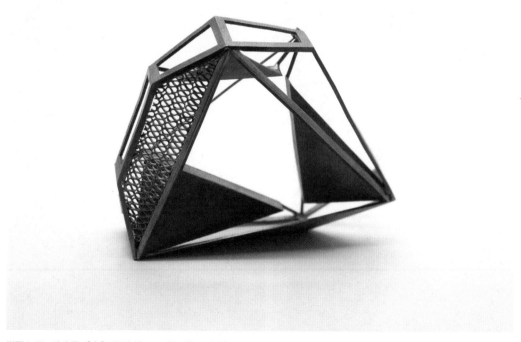

附图 1-22　连晓萌，《立》系列胸针，925银、锆石、钢针

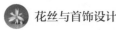

附图1-23　顾唐子晗,《夏之彼岸》系列胸针,纯银、925银、钢、珐琅

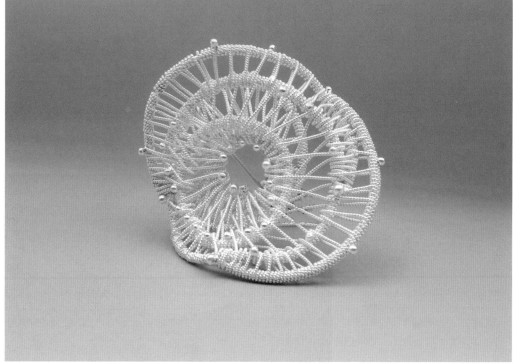

附图1-24 颜如玉,《简单的满足》系列胸针,纯银

附图1-25 李桑,《信·望·爱》之一,胸针,纯银、925银、钢、拉长石、尖晶石

附图1-26 李桑,《信·望·爱》之二,胸针,纯银、925银、钢、拉长石、沙弗来、碧玺、紫水晶

附图1-27 李桑,《信·望·爱》之三,吊坠,纯银、925银、钢、拉长石

附录2　部分花丝作品出处

部分花丝作品出处见附表2-1。

附表2-1　部分花丝作品出处

编号	图片	作品信息	作品出处
图1-2-1		古代美索不达米亚黄金青金石项链，公元前2000~前1000年	史永、贺贝、彭莉婷.《黄金神话：向神灵致敬的极致工艺》.源博物馆.2016.P19
图1-2-2		伊特鲁里亚黄金耳环，约公元前800年	史永、贺贝、彭莉婷.《黄金神话：向神灵致敬的极致工艺》.源博物馆.2016.P35
图1-2-3		伊特鲁里亚盘状耳环，公元前6世纪，大英博物馆藏	Hermann Schadt. *Goldsmith's Art 5000 Years of Jewelry and Hollowware*. Arnoldsche Art Publisher. 1996. P22
图1-2-4		伊特鲁里亚盘状耳环，公元前550~前450年，黄金、珠粒，维多利亚与艾尔伯特博物馆藏	维多利亚与艾尔伯特博物馆网站

编号	图片	作品信息	作品出处
图1-2-5		古希腊黄金耳环，公元前300年，大都会艺术博物馆藏	史永先生，贺贝女士提供
图1-2-6		古希腊黄金首饰，公元前3~前2世纪，大英博物馆藏	Hugh Tait. *7000 years of jewelry*. The Brithish Museum Press. 2016. P85
图1-2-7		《哥德哈第法典》书衣，约1180年，铜面镀金，珐琅、宝石	Hermann Schadt. Goldsmith's Art 5000 Years of Jewelry and Hollowware. Arnoldsche Art Publisher. 1996. P66
图1-2-8		宝石项链，约600年，黄金、蓝宝石、祖母绿、珍珠	史永、贺贝.《珠宝简史》. 商务印书馆. 2018年. P123

编号	图片	作品信息	作品出处
图1-2-9		盎格鲁·撒克逊金扣，约600年，珐琅、石榴石，大英博物馆藏	Hugh Tait. *7000 years of jewelry*. The Brithish Museum Press. 2016. P105
图1-2-10		西班牙珠链，15世纪下半叶，黄金、珐琅、珍珠，大都会艺术博物馆藏	大都会艺术博物馆网站
图1-2-11		德国银花丝纽扣，19世纪，柏林国家博物馆藏	Maren Eichhorn-Johnnsen and Adelheid Rasche. *25000 Years of Jewelry*. Prestel Publishing. 2021. P218
图1-2-12		镶有装饰花丝的金币，16世纪，黄金，约为英国出产	Maren Eichhorn-Johnnsen and Adelheid Rasche. *25000 Years of Jewelry*. Prestel Publishing. 2021. P218

编号	图片	作品信息	作品出处
图1-2-13		蒙古胸饰，13世纪中叶~14世纪，黄金、水晶，艾尔米塔什博物馆藏	艾尔米塔什博物馆网站
图1-2-14		泰国红宝石黄金戒指，16~17世纪	史永、贺贝、彭莉婷.《黄金神话：向神灵致敬的极致工艺》.源博物馆.2016.P83
图1-2-15		中国龙形双柄花瓶，17世纪晚期~18世纪早期，银、烧蓝、鎏金，艾尔米塔什博物馆藏	Maria Menshikova. *Silver Wonders from the East Filigree of the Tsars*. Ashgate Pub Co. 2006.P39
图1-2-16		印度圣髑盒，17世纪下半叶，银，艾尔米塔什博物馆藏	Maria Menshikova. *Silver Wonders from the East Filigree of the Tsars*. Ashgate Pub Co. 2006.P43

编号	图片	作品信息	作品出处
图1-2-17		德国Rimmonim，1680~1699年，银、局部镀金，维多利亚与艾尔伯特博物馆藏	维多利亚与艾尔伯特博物馆网站
图1-2-18		印度尼西亚银盘，1686年，银、珐琅，ALJ Antiques Ltd.艺术品公司	ALJ古董有限公司网站
图1-2-19		蝴蝶结胸针，约1825年，黄金、绿松石、珍珠，维多利亚与艾尔伯特博物馆藏	Clare Phillips. *Jewels and Jewelry*. Watson-Guptill Publications. 2000. P77
图1-2-20		法国宝石镶嵌黄金怀表，1835~1840年，18K黄金、托帕石	史永、贺贝、彭莉婷.《黄金神话：向神灵致敬的极致工艺》. 源博物馆. 2016. P110

编号	图片	作品信息	作品出处
图1-2-21		意大利十字形吊坠，1800~1867年，银，维多利亚与艾尔伯特博物馆藏	维多利亚与艾尔伯特博物馆网站
图1-2-22		意大利考古复兴风格"M"形圣母领报胸针，卡斯特拉尼，约1850年，黄金、红宝石、祖母绿或蓝宝石，伊特鲁里亚博物馆藏	史永、贺贝、彭莉婷.《黄金神话：向神灵致敬的极致工艺》.源博物馆.2016.P117
图1-2-23		意大利考古复兴风格伊特鲁里亚风格手链，卡斯特拉尼，约1850年，黄金，伊特鲁里亚博物馆藏	史永、贺贝、彭莉婷.《黄金神话：向神灵致敬的极致工艺》.源博物馆.2016.P115
图1-2-24		蒂芙尼条形胸针，1915年，铂金、钻石	John Loring. *TIEFANY Style*. Harry N Abrams. 2008. P136
图1-2-25		捷克胸针，1920~1930年，合金镀金、绿松石	李桑私人收藏

编号	图片	作品信息	作品出处
图1-2-26		捷克吊坠，1920～1930年，铜、紫水晶	李桑私人收藏
图1-2-27		中国帽子装饰品，1400~1600年，黄金、半宝石，维多利亚与艾尔伯特博物馆藏	维多利亚与艾尔伯特博物馆网站
图1-2-28		中国蝴蝶发簪，18世纪，翡翠、珍珠、黄金，大都会艺术博物馆藏	大都会艺术博物馆网站
图1-2-29		中国螃蟹形盒子，18世纪中叶，银、局部鎏金，艾尔米塔什博物馆藏	艾尔米塔什博物馆网站

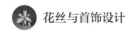
编号	图片	作品信息	作品出处
图1-2-30		中国头饰，18世纪，黄金、半宝石，大英博物馆藏	Hugh Tait. *7000 years of jewelry*. The Brithish Museum Press. 2016. P172
图1-2-44		中国手链局部，Lee-ching，1850~1860年，黄金、象牙，圣彼得堡艾尔米塔什博物馆藏	Maria Menshikova. *Silver Wonders from the East Filigree of the Tsars*. Ashgate Pub Co. 2006. P29
图1-2-45		中国篮子，Cutshing，1820~1840年，银、珐琅、部分鎏金，圣彼得堡艾尔米塔什博物馆藏	Maria Menshikova. *Silver Wonders from the East Filigree of the Tsars*. Ashgate Pub Co. 2006. P30
图3-1-4		Mary Lee Hu，手镯#62，黄金	Ursula. *Inspired Jewelry From the Museum of the Art and Design*. ACC Editions 2009.P186
图3-1-19		Robert Baines，*Meaner than Yellow*胸针，银、粉末涂层、电镀、油漆	KLIMT02网站

续表

编号	图片	作品信息	作品出处
图3-2-7		Robert Baines, *Hey True Blue* 胸针，银、粉末、油漆	KLIMT02网站
附图1-13		Helen, *ALL A STORY NECKLACE* 2，纯银、925银，法国	作者提供